U0320568

Tasty Food
食在好吃

肉类料理的
194种做法

杨桃美食编辑部 主编

江苏凤凰科学技术出版社
·南京·

图书在版编目（CIP）数据

肉类料理的194种做法/杨桃美食编辑部主编.--
南京:江苏凤凰科学技术出版社,2015.7（2020.9重印）
（食在好吃系列）
ISBN 978-7-5537-4263-2

Ⅰ.①肉… Ⅱ.①杨… Ⅲ.①家常菜肴－荤菜－菜谱
Ⅳ.① TS972.125

中国版本图书馆CIP数据核字(2015)第050943号

肉类料理的194种做法

主　　　编	杨桃美食编辑部	
责 任 编 辑	葛　昀	
责 任 监 制	方　晨	

出 版 发 行	江苏凤凰科学技术出版社
出版社地址	南京市湖南路1号A楼，邮编：210009
出版社网址	http://www.pspress.cn
印　　　刷	天津旭丰源印刷有限公司

开　　　本	718mm×1000mm　1/16
印　　　张	10
插　　　页	4
字　　　数	250 000
版　　　次	2015年7月第1版
印　　　次	2020年9月第3次印刷

标 准 书 号	ISBN 978-7-5537-4263-2
定　　　价	29.80元

图书如有印装质量问题，可随时向我社出版科调换。

肉类食物具有较高营养价值，在人们日常膳食中占有重要地位。提供优质蛋白质是肉类食物的优势所在。蛋白质是构成人体细胞的基本物质，所有帮助消化吸收与调节生理机能的酶和激素、维持神经介质正常传递功能的物质、抵抗传染病的抗体等，都需要依赖蛋白质；且动物蛋白质所含的必需氨基酸比例均较接近人体所需，吸收利用率高。

因此，适当食用肉类食物，不论是对处于生长发育阶段的婴幼儿、儿童、青少年而言，还是对蛋白质需求量较高的孕妇而言，都尤为重要。肉类蛋白质中半胱氨酸含量较高，半胱氨酸能促进人体对铁的吸收，从而预防与改善人体缺铁性贫血，有益于人体健康。

肉类食物中最具代表性的有：猪肉、牛肉、羊肉、鸡肉、鸭肉，它们是人们餐桌上最常见的珍馐美味，每种都别具风味，带给您的不仅是唇齿留香的享受，更有滋养身心的保健功效。

猪肉肉质滑嫩爽口，并带有些许甘甜香味，其脂肪和蛋白质含量丰富，具有补虚强身、滋阴润燥、丰肌泽肤的作用；牛肉的蛋白质含量高、脂肪含量低，烹饪出来的口感油而不腻，嚼起来韧性十足，受人欢迎，有"肉中骄子"的美称，适量食用牛肉，能提高人体抵抗力；羊肉肉质与牛肉相似，较猪肉肉质细嫩，且脂肪和胆固醇含量均相对较少，烹饪出来的肉味较浓，比较适合于冬季食用，既能御风寒，又能温补强身。

鸡肉肉质细嫩，滋味鲜美，含有维生素C、维生素E等营养成分，还含有对人体生长发育有着重要作用的磷脂类，是人类膳食结构中脂肪和磷脂的重要来源之一；鸭肉是餐桌上的上乘肴馔，也是人们进补的优良食品，其营养价值与鸡肉相仿，但鸭肉的蛋白质含量比畜肉要高很多，脂肪含量比猪肉、羊肉低，且分布均匀，能够降低人体内的胆固醇含量。因此，适当进食鸭肉，有助抵御多数疾病的侵袭。

想要在家做出既美味又营养的肉类佳肴，需要学习与练习相关烹饪技巧。然而，一般在家做肉类美食，做法较局限，餐桌上常重复出现几种熟悉的菜品。其实，不同种类的肉或同类肉的不同部位，运用不同的烹调方式，可做出不一样的菜品。

本书收录了44种猪肉美食、44种牛肉美食、29种羊肉美食、44种鸡肉美食、18种鸭肉美食以及15种内脏类美食，通过烤、煮、烧、炸、炒、蒸、煎、卤等多种烹饪方式的呈现，教您在了解各部位肉质的基础上，做出色香味俱全的美味肉食。部分肉类菜谱还提供了美味秘诀，能使您做出的食物更加鲜香诱人。

本书还介绍了选购牛肉的方法，以及牛肉的保存秘诀和烹饪前的注意事项。对于味道较重的羊肉，本书介绍了使其去膻的材料和去膻的方法，让您不再为羊膻味而犯愁，大可放心地做出自己想要的美味羊肉美食。对于内脏类食材，本书以分步图解的方式，清晰呈现去除其特殊气味的方法，让您在家也能做出不逊色于餐厅大厨的诱人风味！

Contents |目录

引言：肉类佳肴怎么做

PART 1
百变风味
猪肉佳肴篇

PART 2
中西皆宜
牛肉佳肴篇

PART 3

滋补良品
羊肉佳肴篇

PART 4

鲜嫩多汁
鸡肉佳肴篇

PART 5

口感扎实
鸭肉佳肴篇

PART 6

回味无穷
内脏佳肴篇

单位换算	固体类 / 油脂类
	1茶匙 = 5克
	1大匙 = 15克
	1小匙 = 5克
	液体类
	1茶匙 = 5毫升
	1大匙 = 15毫升
	1小匙 = 5毫升
	1杯 = 240毫升

引言:
肉类佳肴怎么做

　　人们在用餐时,一般少不了荤菜。最常见的肉类就是猪、牛、羊、鸡、鸭等,每种肉类有其独特的风味,运用不同的烹调方式,可做出不同的菜品。从家常的卤肉、炖肉,到卤菜店的盐酥鸡、卤鸭翅,这些让人垂涎欲滴的菜品,烹饪的关键是什么? 选购和保存的要诀又是什么?

肉类烹饪七大关键

1 去腥处理

　　一直冲水，可以让肉去腥，肉的口感也会较好；也可以汆烫去除肉类多余的脂肪、血水和腥味，通常会加入姜、葱和料酒，去腥效果更佳。但汆烫时间不宜太久，以免在烹煮的时候肉质变老。

2 油炸后口感好

　　肉油炸前，一定要擦去多余的水分；若裹有淀粉，入锅前也要轻轻抖掉多余的淀粉。注意油锅的温度，避免因油温太低而让肉糊掉；油温太高使肉的表面炸焦。炸后的肉可以用来红烧或炖煮。

3 适当腌制

　　腌料中除了调料外，还可以用胡萝卜、芹菜、香菜、洋葱等加水打成汁，再加入腌料中，这样能让肉保持鲜嫩，再加入少许淀粉将肉汁锁住，可减少烹饪时肉的干涩感。将肉先切成片状或块状再腌制，更容易入味。

4 大火快炒

　　快炒好吃的秘诀就是锅要热、火要大。锅要热，食材表面才能迅速受热，食材就不易粘锅；火要大，食物才能尽快熟透，才能保持食材的新鲜口感。家里的煤气灶比不上餐馆的大火力灶，但我们可以用以下方法来弥补：不要一次性放太多食材，以免食材无法均匀受热；或将食材切小、切薄，加快其炒熟的速度等。

5 制作鸡高汤

材料

鸡骨300克，洋葱、胡萝卜各200克，姜3片

做法

 鸡骨汆烫洗净；洋葱、胡萝卜均洗净、切块。

② 取汤锅，放入鸡骨、洋葱块、胡萝卜块和姜片，倒入适量水。

③ 开火，待汤锅中的水烧开后，改微火，继续炖煮1小时，过滤后即是鸡高汤。

> **备注** 用天然气煮高汤是最常用的方式，但记得煮时千万不能盖上盖子，要用小火慢慢熬煮锅中的高汤，让汤汁一直保持在微微沸腾的状态；若加盖熬煮，汤汁容易混浊不清澈。

6 烹饪要收汁

红烧或快炒类的菜肴，在烹调上最忌讳的是加入或留下过多汤汁。所以，起锅前要尽量将锅中的汤汁收干，这样才入味。

7 小火慢煮

较大块的肉类，在煮汤、红烧或清炖时，可以用小火慢炖。先用大火烧开后，盖上盖子，转小火再继续慢慢卤制，长时间卤制可以让肉更入味。

肉丝、肉浆、肉馅这样做

肉丝

调好味道的肉丝，不管是拿来快炒或是煮粥都很适合。因此，肉丝可作为家中常备的食材，适合做多种不同风味的菜品。

材料
肉块500克，姜片50克，葱段10克

调料
料酒3大匙，盐1大匙

做法

❶ 将姜片、葱段、盐、料酒一同放入容器内。

❷ 用手轻轻抓匀。

❸ 再将肉块放入，一同腌制约1小时后，取出肉块切丝，再蒸熟，最后放凉即可。

处理小诀窍

● 肉质的挑选

制作肉丝的猪肉不管是瘦肉、五花肉、前腿肉、后腿肉，都可以，依照个人喜好挑选。

● 保存与解冻方法

处理好的熟肉，可冷藏或是冷冻保存，冷藏可放1个星期，冷冻可放3个月。若要冷冻，最好一小份一小份分开包好，在烹饪的前一晚拿出，放在冰箱冷藏室，隔天自然解冻，微波炉解冻亦可。

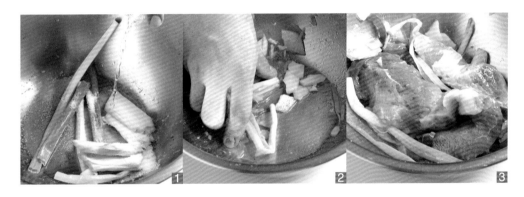

肉浆

肉浆常被用来做肉丸、肉羹。保存时，为方便使用，可以用不同的容器盛装。

材料

瘦肉400克，肥肉100克

调料

淀粉1茶匙，盐1/2茶匙，糖、胡椒粉各1/4茶匙，香油少许

做法

❶ 将冰过的瘦肉及肥肉切小块，一同放入搅拌机中。

❷ 搅打2分钟至其呈胶泥状，加入盐，再继续搅打20次，加入其余调料搅拌均匀。

❷ 将做好的肉浆用小袋分装压扁，放入冰箱冷冻保存即可。

处理小诀窍

● 肉类的搭配

好吃的肉浆，必须是瘦肉加肥肉做成的，以4∶1（瘦肉∶肥肉）的比例搭配最好，也可视个人喜好酌情增减。

● 保存与解冻方法

保存时，可将每次食用的分量一份一份地放入塑料袋压扁后，再放到冰箱冷冻室，最好在1个月内吃完。吃的时候可事先拿出来自然解冻，或用微波炉解冻。

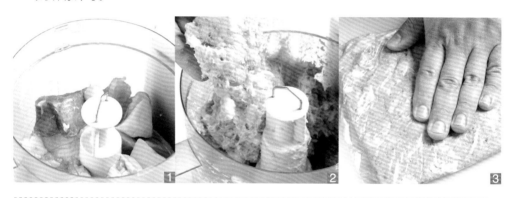

肉馅

把做好的肉馅炒一炒，加在菜品中，会让此道菜成为既好吃又下饭的佳肴。

材料

肉馅500克，色拉油1大匙

调料

酱油30毫升，黄酒1大匙，糖1/2茶匙，淀粉2大匙

做法

❶ 将肉馅和所有调料混合拌匀，腌15分钟备用。

❷ 热锅，倒入色拉油烧热，放入腌好的肉馅，以大火快炒至熟，至无水分即可。

处理小诀窍

● 肉质的挑选

最好挑选前腿肉做肉馅；后腿肉太瘦，做成肉馅会太涩。

● 一定要腌制

肉馅一定要先腌过再炒，做出来的味道才会香。

● 保存与解冻方法

先冷藏或是冷冻，冷藏可放1个星期，冷冻可放3个月。若要冷冻，按每次食用量分开包好，等到要用时，前一晚先放在冰箱冷藏室，隔天自然解冻，或用微波炉解冻。

PART 1

百变风味
猪肉佳肴篇

用猪肉烹制的菜肴品种繁多，煎、炒、烤、炸、蒸、卤，烹饪方式不拘一格，道道皆美味。

猪各部位肉品适合的烹饪方式

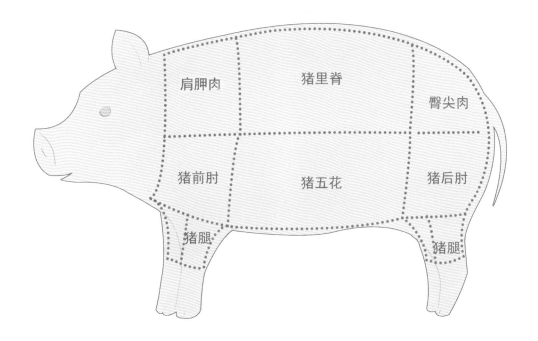

肩胛肉　猪里脊　臀尖肉　猪前肘　猪五花　猪后肘　猪腿　猪腿

最常使用的猪肉有：里脊肉、后腿肉、梅花肉、五花肉、胛心肉及排骨等。而用来烹饪的猪肉，建议挑选黑猪肉，主要是因为黑猪肉吃起来肉质较细嫩，而且有脆脆的口感及甘甜味，且黑猪肉体内的自由基较少。

五花肉

五花肉可挑选厚一点的，以靠近头部的肉质为佳，并且以前半段肉的口感最佳。常用来切块红烧或卤炖，或切成薄片快炒。

胛心肉

位于猪前腿以上、靠近背的部位，肉质本身不像后腿肉那么瘦，故口感较适中。常用来做成肉丸子或是馅料。

梅花肉

可挑选油脂分布均匀的肉块。因其本身油脂较多，所以常常会用炸或是红烧的方式烹饪，口感不涩也不腻，还会脆脆的。

大里脊

即腰椎旁的带骨里脊肉，适合油炸、炒、烧。

中里脊

连着大里脊的腰肉，即大腿肉内部一块长形肌肉，其肉质软嫩，适合炸、炒、烧、焖。

小里脊

从腰连到肚的里脊肉，是排骨肉中最软嫩的部位。用较短的烹调时间就能熟透，适合炸、炒、烧、焖。

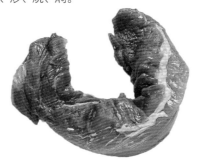

腱子肉

腱子肉多为块状，是将猪前小腿去骨后所得的肉块。肉中有许多连结组织，非常适合炖煮等长时间卤制，口感有弹性又多汁。通常煮完后再切小块食用。

后腿肉

较靠臀部的肉，油脂较少，仅带一点肥肉，肉质口感较涩，适合切成肉丝或肉片后烹饪。烹饪前先腌过，会让肉质口感稍软，煮后的口感较不会涩。

肋排（背）

又称五花排，为背部整排平行的肋骨，肉质厚实，最适合整排烤。将背部肋骨沿骨头切块，一根根的排骨很适合拿来烤或焖烧。

肋排（肚腩）

靠近肚腩边的肋骨肉，因接近五花肉而稍带油脂，骨头较短，可整片烤或切块来烹调，切块肉质嫩、易熟。以炒、烤、炸、焖、蒸的方式烹饪皆可。

小排骨

即连着白色软骨旁的肉。炒、烧、蒸的烹饪方式都很适合。

猪肘子

是整条猪腿中肉最多的地方，鲜嫩多汁。其外皮酥香润滑、肉质软嫩的双重口感，最适合用来做红烧肉。

猪腿

通常说的猪腿介于猪肘子与猪蹄之间，在猪肘子之下、猪蹄之上，脂肪含量高。

尾骨肉

即尾椎旁的排骨肉，骨头大而肉少，最适合用来炖制猪骨汤。

焢肉

材料

猪五花肉	600克
姜	30克
葱	10克
干辣椒	2个
水	1000毫升
笋丝	100克
鸡高汤	300毫升

调料

盐	少许
酱油	60毫升
冰糖	2大匙
料酒	2大匙
鸡精	1/4小匙
八角	1粒
桂皮	5克
色拉油	适量

做法

1. 猪五花肉洗净、切片，加入30毫升酱油拌匀，再放入锅中略炸至上色，捞出沥油；姜切片；葱、干辣椒均切段；笋丝泡水1小时，再放入沸水中汆烫约10分钟，取出备用。
2. 热锅，倒入适量色拉油，爆香姜片、葱段、干辣椒段，再放入八角、桂皮炒香，再加入猪五花肉片以及130毫升酱油、冰糖、料酒，一同翻炒均匀。
3. 再一同移入到一砂锅中，加入1000毫升水共煮（水量盖过肉）。烧开后，盖上锅盖，转小火焖煮约1小时。
4. 向砂锅中放入鸡高汤与笋丝，烧开后，再加入鸡精与盐调味即成。

美味秘诀 用草绳或棉绳将猪五花肉绑成十字状，可以让猪五花肉煮时定型，肉质较紧实，不会松垮。

东坡肉

材料

材料	
猪五花肉	900克
葱	20克
大蒜	6瓣
姜片	1片
草绳	7根
上海青	适量
水	1400毫升

调料

调料	
冰糖	3大匙
色拉油	适量
酱油	20毫升
黄酒	40毫升
甘草	2片
桂皮	5克
月桂叶	3片
八角	1粒

做法

1. 葱洗净，切段；大蒜去膜；上海青洗净烫熟，放入冷开水中过凉；草绳烫软；猪五花肉洗净沥干，平放于盘中，冷冻约30分钟后取出，切成5厘米×5厘米方块，用烫软的草绳绑好，备用。

2. 将绑好的猪五花肉块放入沸水中汆烫，捞起备用。

3. 热锅，加入适量色拉油，爆香大蒜，再放入葱段、甘草、姜片、桂皮、月桂叶、八角，一同炒香，盛盘备用。

4. 另起锅加热，放入冰糖炒至上色，再加入1400毫升水、酱油、烧开成酱汁，备用。

5. 取砂锅，放入之前炒香的材料铺底，再放入汆烫好的猪五花肉块（肉朝下、皮朝上摆齐），接着倒入酱汁（酱汁需盖过肉），最后加入黄酒，以中大火烧开后，盖上锅盖，转小火继续炖煮约2小时；取盘，周围摆上上海青装饰，放上东坡肉，淋上汤汁即可。

可乐卤猪蹄

材料
猪蹄900克，可乐350毫升，葱段15克，
姜片10克，水1000毫升

调料
酱油20毫升，料酒2大匙，月桂叶5片，
肉桂粉、胡椒粉、盐各少许，色拉油2大匙

做法

1 将猪蹄洗净，放入沸水中氽烫约5分钟，捞出泡冰水待凉，备用。

2 热炒锅，加入2大匙色拉油，爆香葱段、姜片，接着加入猪蹄翻炒约1分钟，再加入所有调料炒香。

3 向锅中加入可乐翻炒均匀，然后把所有材料移入一砂锅中，加入水烧开后，转小火继续炖煮约70分钟，关火，再焖约10分钟即可。

美味秘诀 为了让卤猪蹄的味道咸香可口，一般会加一些冰糖调味，这里加的是可乐，可乐不仅能代替冰糖，还会带来独特的香味。

花生卤猪蹄

材料
猪蹄900克，花生300克，大蒜5瓣，姜片3片，
水1500毫升

调料
酱油20毫升，冰糖2大匙，盐少许，八角1粒，
料酒20毫升，色拉油适量

做法

1 猪蹄洗净，放入沸水中氽烫，捞出刷洗干净；花生洗净，泡水约5小时后，捞出沥干，备用。

2 热锅，倒入适量色拉油，放入猪蹄略炸，再放入大蒜、姜片、八角炸至上色，捞出沥油备用。

3 取一卤锅，放入炸好的猪蹄、花生，再加入1500毫升的水（水量需盖过肉）与所有调料，以大火烧开后，盖上锅盖，转小火卤1.5~2小时即可。

笋干焅肉

🍲 材料

猪五花肉	400克
笋干	150克
油豆腐	10块
姜	30克
红辣椒	2个
水	1000毫升

🧂 调料

料酒	50毫升
白糖	1大匙
酱油	4大匙
色拉油	2大匙

🍳 做法

1. 笋干泡水约30分钟，放入沸水中汆烫约5分钟后捞出，用冷水洗净，沥干后切段；油豆腐洗净沥干，备用。
2. 姜、红辣椒均洗净、拍破，备用。
3. 猪五花肉洗净、切块，放入沸水中汆烫约2分钟，捞出洗净，备用。
4. 取锅，烧热后倒入2大匙色拉油，以小火爆香姜和红辣椒，再加入猪五花肉块，翻炒至表面微焦且有香味。
5. 再一同移入一汤锅中，并放入1000毫升水，依序加入笋干段、油豆腐和料酒、酱油、白糖，以大火煮开后，改小火继续炖煮约40分钟，至猪五花肉熟软且汤汁略收干即可。

美味秘诀 笋干的事先处理很重要。先将笋干充分泡水，再稍微汆烫，这样可将笋干上过多的酸味和咸味去掉，以及加工时的添加物去掉。但笋干不宜汆烫过久。

粉蒸肉

材料
猪后腿肉150克，地瓜100克，蒜末20克，
姜末10克，蒸肉粉3大匙，水50毫升，香菜适量

调料
辣椒酱、酒酿、香油各1大匙，
甜面酱、白糖各1茶匙，油适量

做法

① 猪后腿肉切片，和姜末、蒜末、水、辣椒酱、
酒酿、香油、甜面酱、白糖一起拌匀，腌制
约5分钟；地瓜去皮、切小块，备用。

② 热一锅，加适量油，烧热至约150℃，将地
瓜块放入锅中，以小火炸至表面金黄后，
取出沥油，备用。

③ 将腌好的猪后腿肉片加入蒸肉粉及香油拌
匀，再将炸好的地瓜块放于盘中垫底，上
面铺上猪后腿肉片。

④ 将此盘放入蒸笼内，以大火蒸约20分钟，至
猪后腿肉片熟后取出，放上香菜装饰即可。

红烧肉

材料
猪五花肉300克，青蒜10克，红辣椒1个，
水800毫升

调料
酱油、蚝油各3大匙，白糖1大匙，料酒2大匙，
色拉油2大匙

做法

① 猪五花肉洗净，切适当大小块，放入油锅
中略炸至上色后，捞出沥油，备用。

② 青蒜切段，分成蒜白、蒜叶备用；红辣椒
切段，备用。

③ 热锅，加入2大匙色拉油，爆香蒜白、红辣
椒段，再放入猪五花肉块与所有调料，翻
炒均匀。

④ 向锅中续加入800毫升的水（水量盖过肉）
烧开，盖上锅盖，再转小火煮约50分钟，至
汤汁略收干，加入蒜叶，共烧至入味即可。

卤排骨

材料
里脊肉大排骨5片，葱10克，大蒜3瓣，
姜30克，水1200毫升，卤包1包

调料
酱油1杯，冰糖1大匙，料酒20毫升，油适量

腌料
酱油、淀粉各2大匙，料酒3大匙

做法
1 里脊肉大排骨洗净沥干，加入所有腌料拌
  匀，腌10分钟；葱切段、姜切片、蒜去膜
  洗净，备用。
2 起一锅，倒入适量的油，将油温烧热至
  160℃，放入腌好的里脊肉大排骨，让里脊
  肉大排骨炸至上色后捞起，备用。
3 另起一锅，于锅中放入3大匙油烧热，将大
  蒜、葱段、姜片放入锅中爆香，再放入酱
  油、冰糖、料酒炒至入味。再将水和卤包放
  入锅中搅拌均匀，共煮成卤汁后，放入炸好
  的排骨，以小火卤约20分钟即可。

香菇肉燥

材料
猪肉馅300克，猪皮180克，泡发香菇100克，
红葱酥80克，水1400毫升

调料
酱油50毫升，白糖3大匙，色拉油约100毫升

做法
1 将猪皮表面的猪毛刮干净后洗净，放入约
  2000毫升沸水中，以小火煮约40分钟至
  软，取出冲凉、切小丁；泡发香菇洗净，
  切小丁，备用。
2 锅中倒入约100毫升色拉油烧热，放入香菇
  丁，以小火爆香，再加入猪肉馅炒至散开。
3 将红葱酥、猪皮丁及所有调料加入锅中，以
  小火熬煮约30分钟，至汤汁略显浓稠即可。

粉蒸排骨

🥩 材料

排骨	300克
蒜末	20克
姜末	10克
荷叶	1张
蒸肉粉	3大匙
香菜	少许
水	50毫升

🍶 调料

辣椒酱	1大匙
酒酿	1大匙
甜面酱	1茶匙
白糖	1茶匙
香油	1大匙

📖 做法

1. 排骨洗净，入沸水中汆烫，沥干备用。
2. 将排骨、姜末、蒜末与辣椒酱、酒酿、甜面酱、白糖、水一起拌匀，腌制约5分钟。
3. 将荷叶放入沸水中烫软，捞出洗净，备用。
4. 向腌制后的排骨中加入蒸肉粉拌匀，再洒上香油，备用。
5. 取烫软的荷叶摊开，放入排骨，再将荷叶包起。最后将包有荷叶的排骨放入电饭锅内锅，外锅加约1.5杯水，盖上锅盖，按下开关，蒸约30分钟后取出盛盘。打开荷叶，以香菜装饰即可。

卤猪肘子

材料

猪肘子	750克
棉质卤包袋	1个

卤包

草果	2颗
桂皮	8克
甘草	8克
沙姜	10克
香叶	3克
八角	5克
花椒	5克

卤汁

水	1600毫升
酱油	50毫升
料酒	20毫升
白糖	100克
葱	20克
姜	50克
红辣椒	4个
大蒜	40克

做法

1. 猪肘子洗净；草果拍碎，和其余卤包材料一同放入棉质卤包袋包好；葱、姜、大蒜和红辣椒洗净、沥干、拍松，备用。

2. 热锅，以中火爆香葱、姜、大蒜和红辣椒，炒至微焦后取出，放入汤锅中，再加其余卤汁材料和卤包，烧开后，转小火继续炖煮约5分钟，至散发出香味即成猪肘子卤汁。

3. 煮沸一锅水，放入猪肘子汆烫约3分钟，捞出沥干，再倒入猪肘子卤汁，开小火让卤汁保持微微沸腾状态，盖上锅盖，卤约50分钟后熄火，再焖约30分钟即可（盛盘后可加入西蓝花、辣椒丝配色）。

排骨酥

材料
排骨600克，面粉20克，蒜末30克

调料
淀粉100克，酱油1大匙，料酒1茶匙，五香粉1/2茶匙

做法

❶ 排骨洗净切小块，加入所有调料拌匀，腌制30分钟，加入面粉拌匀，增加黏性。

❷ 将腌制好的排骨均匀裹上淀粉后，放置约10分钟，备用。

❸ 热油锅，待油温烧热至约180℃，放入排骨，以中火炸约10分钟，至表皮呈金黄酥脆时，捞出沥油即可。

> **美味秘诀** 腌好的排骨表面水分多，直接沾淀粉，附着性差，加入面粉可增加排骨表面的黏性。

京都排骨

材料
猪小排200克

调料
番茄酱、糖各1.5大匙，陈醋、酱油各1茶匙，黑胡椒酱1/2大匙，盐1/8茶匙，水50毫升

腌料
小苏打、淀粉各1/2茶匙，料酒、面粉各1茶匙，盐1/4茶匙，糖1/8茶匙

做法

❶ 将猪小排切3厘米长段，泡水30分钟，再冲水10分钟，洗去血水后沥干，加入所有腌料，腌约1小时，备用。

❷ 热油锅至约160℃，将腌好的猪小排逐块放入油锅中，以小火炸约3分钟，再熄火泡约2分钟，接着开大火炸约1分钟后捞出，沥油，备用。

❸ 锅中留少许油，放入所有调料，以小火烧开后，放入炸排骨炒匀即可（盛盘时可另加入绿色青菜围边装饰）。

糖醋里脊

材料

猪里脊肉250克，油少许，鸡蛋液1大匙，
青椒丝、红甜椒丝、黄甜椒丝各20克

调料

淀粉、白醋、水淀粉、水各1大匙，盐1/8小匙，
料酒1/2小匙，白糖4大匙，香油1小匙，
陈醋、番茄酱各2大匙

做法

1. 猪里脊肉洗净沥干，切成筷子般粗细的肉
   条，放入碗中，加入淀粉、料酒、盐、鸡蛋
   液抓匀备用。
2. 热锅，倒入约2碗色拉油烧热，将肉条放入
   锅中，以中小火炸约3分钟至金黄酥脆，捞
   起沥干，备用。
3. 重新热锅，加入少许油，放入青椒丝、红甜椒
   丝、黄甜椒丝，以中小火炒香，再加入剩余调
   料（除水淀粉、香油外）共煮。煮开后，淋入
   水淀粉勾芡，倒入炸好的肉条翻炒均匀，淋
   上香油即可。

味噌猪肉

材料

烤猪里脊肉片5片，熟白芝麻少许，水4大匙

调料

味噌140克，糖1.5大匙，味啉2大匙

做法

1. 将所有调料混合均匀成酱料，备用。
2. 烤猪里脊肉片洗净，在每片肉片上均匀涂
   抹酱料，腌约5分钟，备用。
3. 烤箱预热180℃，放入涂有酱料的烤猪里脊
   肉片，烤约10分钟，取出，撒上熟白芝麻
   即可。

红烧狮子头

📋 材料

猪肉馅	500克
荸荠	80克
姜	30克
葱白	20克
水	50毫升
鸡蛋	1个
大白菜	适量

🧂 调料

黄酒	1茶匙
盐	1茶匙
酱油	1茶匙
糖	1大匙
淀粉	2茶匙
水淀粉	3大匙

🥄 卤汁

姜片	3片
葱	10克
水	500毫升
酱油	3大匙
糖	1茶匙
黄酒	2大匙

📖 做法

1. 将荸荠切末；姜去皮切末；葱白洗净切末，备用。
2. 猪肉馅与盐混合，搅拌至胶黏状。
3. 再依次加入荸荠末、姜末、葱末、剩余调料、鸡蛋、淀粉及适量水搅拌均匀。
4. 将搅拌均匀的猪肉馅平均做成10颗肉丸。
5. 备一锅热油，手沾取水淀粉，均匀地抹在肉丸上，再将肉丸放入油锅中，炸至表面金黄后捞出。
6. 另取锅，先放入所有卤汁材料烧开，再放入炸好的肉丸，以小火炖煮2小时。
7. 将大白菜洗净，放入沸水中汆烫，再捞起沥干，盛入锅中即可。

梅干扣肉

🐟 材料

猪五花肉	500克
梅干菜	250克
香菜	少许
蒜末	5克
姜末	5克
红辣椒末	5克
香菜	少许

🧂 调料

鸡精	1/2小匙
白糖	1小匙
料酒	2大匙
酱油	2大匙
色拉油	4大匙

📖 做法

① 梅干菜用水泡约5分钟，洗净、切小段，备用。

② 热锅，加入2大匙色拉油，爆香蒜末、姜末、红辣椒末，再放入梅干菜段翻炒，并加入鸡精、白糖、料酒翻炒均匀，取出备用。

③ 猪五花肉洗净，放入沸水中氽烫约20分钟，取出待凉后切片，再与酱油拌匀，腌约5分钟。

④ 热锅，加入2大匙色拉油，将猪五花肉片炒香备用。

⑤ 取一扣碗，铺上保鲜膜，排入炒香的猪五花肉片，上面再放上炒好的梅干菜，并压紧。

⑥ 一同移入电锅内锅中，外锅加约2杯水，盖上锅盖，按下开关，蒸至开关跳起后，于外锅再加2杯水，续蒸至开关跳起，取出扣碗倒扣于盘中，最后加入少许香菜点缀即可。

炸猪排

美味秘诀 添加香料腌制，可以去除肉的腥味并增加香味，例如：五香粉、黑胡椒粉、花椒粉等，都是较常使用的香料。

材料

猪肉排2片 (约160克)，蒜末15克，
色拉油200毫升

调料

酱油、料酒各1茶匙，五香粉1/4茶匙，
淀粉100克，水1大匙，鸡蛋1/2个

做法

1. 将厚约1厘米的猪肉排用肉槌拍成厚约0.5厘米的薄片；鸡蛋取蛋清，备用。
2. 将淀粉除外的调料与蒜末拌匀，放入猪肉排中抓匀，并腌制约20分钟，备用。
3. 将腌好的猪肉排两面均匀地拍打上淀粉。
4. 热锅，加入约200毫升的色拉油，以大火将油温烧热至约120℃，将猪肉排下锅，炸约2分钟至金黄色即可。

椒麻炸猪排

材料

炸好的猪肉排1片，葱末、蒜末、香菜末各10克

调料

花椒适量，酱油、糖各1大匙，鱼露1/2大匙，
白醋少许，柠檬汁2大匙

做法

1. 将炸好的猪肉排切小块，放入盘中备用。
2. 取一锅，放入花椒，以小火炒香后，压扁、切碎。
3. 将全部调料拌匀，与花椒碎、葱末、蒜末、香菜末一起加入锅中翻炒均匀，最后淋在猪排上即可。

照烧猪排

材料

猪里脊肉300克，玉米笋、秋葵各2支，
红辣椒、面粉、鸡蛋液、面包粉、油各适量

调料

盐、胡椒粉各适量，料酒、酱油各20毫升，
糖1/4小匙

做法

1. 猪里脊肉洗净、沥干、切片，先以肉槌捶打，
   再加入盐、胡椒粉，依序沾上面粉、鸡蛋液和
   面包粉备用。
2. 热锅，加入适量油，烧热至160℃，将猪里
   脊肉放入，炸约4分钟，捞起沥油盛盘。
3. 另起锅，加适量油烧热，放入料酒、酱
   油、糖煮至浓稠，淋至炸好的猪排上。
4. 将红辣椒、玉米笋和秋葵洗净，放入沸水
   中氽烫至熟，捞起放入盘中即可。

台式炸猪排

材料

猪里脊肉排2片（约150克）

调料

蒜泥、鸡蛋清各15克，水1大匙，淀粉120克，
五香粉1/4茶匙，酱油、料酒各1茶匙

做法

1. 将厚约1厘米的猪里脊肉排，用刀背拍成厚
   约0.5厘米的薄片，再把其肉筋切断。
2. 淀粉外的所有调料拌匀后，倒入盆中，放入
   猪里脊肉排抓匀，腌制20分钟，备用。
3. 将腌好的猪里脊肉排正反两面均匀沾上淀
   粉，并用手按压，再抖掉多余的淀粉。
4. 将沾有淀粉的猪里脊肉排放置约10分钟，
   让淀粉变黏；热油锅至油温约150℃，放入
   猪里脊肉排，以小火炸约2分钟，再改中火
   炸至表面金黄酥脆后，起锅即可。

红糟猪排

📋 **材料**

里脊肉排2片

🍶 **调料**

红糟3大匙，料酒2大匙，白糖1大匙，
淀粉240克，油适量

🍲 **做法**

① 先将里脊肉排洗净、擦干水，装入塑料袋
中，以肉槌拍打数下后，取出备用。

② 取一容器，将里脊肉排放入，并以淀粉外
的调料腌约15分钟，备用。

③ 取一盘，将淀粉倒入盘中，将里脊肉排两
面均匀沾上淀粉后，放置约15分钟。

④ 起一锅，放入适量油，烧热至160℃，放入里
脊肉排，转小火炸约2分钟后，捞起备用。

⑤ 再将油锅烧热至180℃，续放入里脊肉排炸
30秒钟，捞出即可。

炸红糟肉

📋 **材料**

猪五花肉600克，姜末、蒜末各5克，鸡蛋1个，
小黄瓜片适量

🍶 **调料**

红糟酱100克，酱油、料酒、糖各1小匙，
盐、胡椒粉、五香粉各少许，淀粉适量

🍲 **做法**

① 猪五花肉洗净、沥干，与姜末、蒜末及除红
糟酱、淀粉外的所有调料拌匀，再将红糟酱
均匀抹在猪五花肉表面，即为红糟肉。

② 将红糟肉封上保鲜膜，放入冰箱中，冷藏
约24小时，待入味备用。

③ 取出红糟肉，撕去保鲜膜，用手将肉表面
多余的红糟酱刮除，再与鸡蛋（取蛋黄）
拌匀；均匀裹上淀粉，放置约5分钟。

④ 热油锅，待油温烧热至约150℃时，放入红
糟肉，用小火慢慢炸，炸至快熟时，转大
火略炸，逼出油分，再捞起沥油。待凉后
切片，搭配小黄瓜片食用。

厚片猪排

材料
去骨大里脊肉250克，
面粉、鸡蛋液、面包粉、圆白菜丝各适量

调料
盐、胡椒粉、猪排酱各适量

做法
❶ 大里脊肉洗净沥干，以肉槌将肉略拍松后，
加入盐、胡椒粉抹均匀，再依序沾上面粉、
鸡蛋液、面包粉，腌制5分钟使其充分吸收
汁液入味。

❷ 将腌好的大里脊肉放入油温160℃的油锅
中，炸约5分钟至熟，捞起沥油。

❸ 食用时可切片，搭配圆白菜丝及猪排酱一
起食用即可。

日式炸猪排

材料
去骨大里脊肉1片（约250克），小黄瓜片少许，
圆白菜丝、蛋黄酱、面粉各30克，蒜末15克，
面包粉50克，鸡蛋2个，水1大匙

调料
盐1/8茶匙，白糖1/4茶匙，料酒1茶匙，
白胡椒粉1/6茶匙，色拉油约300毫升

做法
❶ 先将大里脊肉用叉子均匀地插数十下；鸡
蛋打散，搅拌均匀，备用。

❷ 将所有调料与蒜末拌匀后，与大里脊肉一
起抓匀，腌制20分钟。

❸ 将腌好的大里脊肉两面均匀沾上面粉，再
沾上打散的鸡蛋液，最后沾上面包粉，并
稍用力压紧（放置5分钟使之反潮）。

❹ 热锅，放入色拉油，以大火烧热至约140℃
后，将大里脊肉下锅，以中小火炸约5分钟，
至外表呈金黄色，取出沥油盛盘。将圆白菜
丝、小黄瓜片摆入盘中，并挤上蛋黄酱即可。

京酱肉丝

🥘 材料
猪肉丝	200克
红辣椒丝	少许
水	100毫升
葱	40克
姜末	1/2茶匙
蒜末	1/2茶匙

🧂 调料
甜面酱	1大匙
糖	1大匙
色拉油	2大匙
酱油	1茶匙
香油	1茶匙

🧂 腌料
酱油	1茶匙
淀粉	1茶匙
料酒	1/2茶匙
胡椒粉	少许
香油	少许

📖 做法
1. 猪肉丝加入所有腌料一起拌匀，放入冰箱冷藏约15分钟，备用。
2. 葱洗净、切丝、泡水，再取出沥干，铺盘备用。
3. 甜面酱和100毫升水拌匀后，再与酱油、糖、香油一起拌匀成调味汁，备用。
4. 锅烧热，加入2大匙色拉油，放入猪肉丝炒至肉色变白后盛出、沥油，备用。
5. 锅中留1大匙色拉油，放入蒜末、姜末，以小火炒香，加入拌好的调味汁烧开，续放入猪肉丝，以小火炒至汤汁收干。最后盛入铺有葱丝的盘中，撒上红辣椒丝装饰即可。

椒盐排骨

材料
排骨500克，大蒜100克，红辣椒2个，
蛋清1大匙，油500毫升，水50毫升

调料
小苏打粉1/4茶匙，料酒1茶匙，淀粉2大匙，
盐3克，鸡精1/2茶匙

做法

1. 排骨洗净、切小块，备用。

2. 取80克大蒜，加50毫升水打成汁，与小苏打粉、料酒、淀粉、蛋清、1克盐拌匀，再放入排骨，腌制约30分钟；另20克大蒜与红辣椒切碎，备用。

3. 热锅，加入500毫升油，烧热至160℃，将腌好的排骨以中火炸约12分钟，至表面微焦后，捞起沥油。

4. 锅中留少许油，用小火爆香蒜末及红辣椒碎，倒入炸好的排骨，加2克盐、鸡精，翻炒均匀即可。

五香猪排

材料
大里脊肉排2片，蒜末、红辣椒末各1大匙

调料
酱油、醋、糖各2大匙

腌料
酒、淀粉各1大匙，糖、盐、五香粉各1小匙

做法

1. 大里脊肉排洗净，用刀背（或肉锤）略拍数下，加入所有腌料拌匀，腌制约1小时至入味，备用。

2. 将半锅油烧热至油温约170℃时，放入大里脊肉排，以小火炸约1分钟，至肉片浮上油面，且表面呈金黄色后，捞起沥油，切成大块摆盘。

3. 另起一锅，热锅后，加入蒜末、红辣椒末及所有调料，用小火煮至糖完全溶化后，趁热淋在炸好的大里脊肉排上即可。

客家咸猪肉

🥬 **材料**
猪五花肉1800克，蒜薹10克

🍶 **调料**
蒜末2大匙，白醋1大匙

🧂 **腌料**
八角1粒，白胡椒粉、五香粉、味精各1大匙，
大蒜10瓣，花椒粒2大匙，盐5大匙，
甘草粉1/4大匙，糖、酱油、料酒各1/2杯

📋 **做法**
1. 猪五花肉洗净后，切约3厘米厚的片，放入全部腌料中，腌制约3天。
2. 将腌好的猪五花肉片取出，用清水将腌料洗掉，再蒸约半小时，备用。
3. 起油锅，将蒸好的猪五花肉片放入锅中，煎至表面呈金黄色（或用烤箱烤）。
4. 将蒜薹切斜片垫底，再将炸好的猪五花肉排于盘上；所有调料调匀，搭配时蘸食即可。

美味秘诀 腌制猪肉需要花费的时间比较长，可以一次多腌一些保存起来，比较省时省力。

古早肉臊

🥬 **材料**
猪肉馅300克，洋葱150克，大蒜20克，
红辣椒1个，葱10克

🍶 **调料**
冰糖1大匙，酱油2小匙，鸡精、香油各1小匙，
盐、白胡椒粉各适量，油少许

📋 **做法**
1. 先将洋葱、大蒜、红辣椒和葱分别洗净、沥干、切碎末状，备用。
2. 起锅，加入少许油烧热，放入猪肉馅，以中火先爆香。
3. 再向锅中加入洋葱末、蒜末、红辣椒末、葱末翻炒均匀，再加入所有调料，以小火翻炒至汤汁略收即可。

瓜仔肉臊

材料

猪肉馅250克，小黄瓜120克，葱20克，
大蒜25克，洋葱40克，水500毫升

调料

酱油20毫升，白糖1小匙，色拉油约100毫升

做法

1. 将小黄瓜切碎。
2. 将大蒜及洋葱去皮，与葱一起洗净、切碎，
   备用。
3. 锅中倒入约100毫升色拉油烧热，以小火爆
   香蒜末、洋葱碎、葱碎，再加入猪肉馅炒
   至散开。
4. 将小黄瓜碎及所有调料加入锅中，以小火
   煮约5分钟即可。

无锡排骨

材料

猪小排500克，葱20克，姜25克，
水300毫升，芥蓝300克，红曲米1/2茶匙

调料

酱油20毫升，白糖3大匙，料酒2大匙，
水淀粉、香油各1茶匙

做法

1. 猪小排切成长约8厘米的小块；葱切小段；
   姜拍松；芥蓝入沸水中汆烫，备用。
2. 将葱段、姜、猪小排、红曲米及酱油、白
   糖、料酒、300毫升水一同放入电锅内锅
   中，外锅加约2杯水，盖上锅盖，按下开关，
   蒸至开关跳起。
3. 打开电锅锅盖，挑去葱段及姜，将猪小排
   取出盛盘（留下汤汁备用），用汆烫后的
   芥蓝装饰。
4. 另取锅，加入5大匙汤汁烧开，再加入水淀
   粉勾芡，洒上香油，淋在猪小排上即可。

五花肉炒豆干

🍽 **材料**
猪五花肉200克，豆干250克，
蒜末、红辣椒丝、葱丝各10克

🥤 **调料**
酱油、料酒各1大匙，盐、胡椒粉各少许，
油2大匙，糖1/4小匙

🍳 **做法**
1. 猪五花肉洗净，切条状；豆干洗净、切条状，备用。
2. 热锅，加入2大匙油，爆香蒜末，放入猪五花肉条，炒至颜色变白，再放入豆干炒至微干。
3. 再放入红辣椒丝及所有调料炒香，最后放入葱丝拌匀即可。

咕咾肉

🍽 **材料**
梅花肉100克，洋葱20克，菠萝50克，
青椒15克，红辣椒1/4个

🥤 **调料**
白醋10毫升，白糖20克，盐1/8茶匙，
番茄酱2大匙，淀粉120克

🥤 **腌料**
盐1/4茶匙，胡椒粉、香油各少许，
鸡蛋液、淀粉各1大匙

🍳 **做法**
1. 梅花肉切1.5厘米厚块，加入所有腌料拌匀，再均匀裹上淀粉，并将多余的淀粉抖去，备用。
2. 青椒、红辣椒、菠萝、洋葱均切片，备用。
3. 热油锅至约160℃，将梅花肉块放入油锅中，以小火炸约1分钟，再转大火炸约30秒钟后，捞出沥油，备用。
4. 锅中留少许油，放入剩余材料以小火炒软，再加入所有调料烧开，放入梅花肉块，以大火翻炒均匀即可。

蒜泥白肉

材料
猪五花肉300克，姜片、葱段各10克，
香菜末1茶匙，姜泥1/4茶匙，蒜泥1茶匙

调料
红辣椒末1/2茶匙，酱油、白糖、香油各1茶匙

做法
1. 将猪五花肉放入一锅沸水中，加入姜片、葱段，以小火煮20分钟，熄火加盖焖15分钟至熟后取出，剩下的即为猪五花肉高汤。
2. 将所有调料与蒜泥、姜泥及猪五花肉高汤混合调匀成酱汁，备用。
3. 将煮熟的猪五花肉切成厚约0.3厘米的薄片，排入盘中，再淋上酱汁，撒上香菜末即可。

美味秘诀　做蒜泥白肉必须要先煮猪五花肉，煮的时候要整块猪五花肉下去烫煮，煮好了再捞起来切薄片，这样才能保住肉汁，且肉也不会松散。

萝卜卤梅花肉

材料
梅花肉500克，白萝卜300克，胡萝卜150克，葱10克，姜片5片，大蒜5瓣，水1400毫升

调料
酱油20毫升，冰糖1大匙，色拉油2大匙

做法
1. 梅花肉洗净切块；白萝卜、胡萝卜去皮，切厚圆片；葱切段，备用。
2. 将白萝卜片用沸水煮约20分钟，备用。
3. 热锅，加入2大匙色拉油，爆香大蒜、姜片、葱段，再加入梅花肉块，炒至颜色变白，最后加入所有调料炒香，再全部移入一卤锅中。
4. 向卤锅中加入1400毫升的水（注意水量需盖过肉），用大火烧开后，盖上锅盖，转小火煮约25分钟，再放入胡萝卜片、白萝卜片，继续炖煮约25分钟即可。

黄豆炖猪蹄

材料
猪蹄800克，黄豆120克，姜片20克，
水1000毫升

调料
料酒20毫升，盐1茶匙

做法
1. 猪蹄切小块后洗净；黄豆洗净，泡水6小时
   后沥干，备用。
2. 煮一锅水，将猪蹄块下锅，烧开后，再煮4
   分钟取出，以冷水洗净沥干。
3. 将煮过的猪蹄块放入电饭锅内锅，加入黄
   豆、水、姜片及料酒，外锅加2杯水，盖上
   锅盖，按下开关。
4. 待开关跳起，外锅再加入1杯水，再次煮至
   开关跳起，再焖20分钟，加盐调味即可。

榨菜炒肉丝

材料
猪肉100克，榨菜250克，红辣椒丝30克，
蒜末20克，葱花适量，水200毫升

调料
盐1/4小匙，白糖、白醋各1小匙，料酒1大匙，
蘑菇精1/2小匙，香油、色拉油各适量

做法
1. 猪肉洗净、切丝，备用。
2. 榨菜洗净、切丝，浸泡在水中约30分钟，
   捞出挤干水分，备用。
3. 热油锅，以小火爆香红辣椒丝、蒜末，加入
   榨菜丝、猪肉丝及所有调料，以大火快速翻
   炒至收汁，最后淋上香油，拌入葱花即可。

酸白菜肉片

🐟 **材料**

猪五花肉片、酸白菜各300克，干辣椒5克，姜丝10克，蒜薹30克，水3大匙

🍶 **调料**

料酒、白糖、香油各1大匙，盐1/2茶匙，花椒2克，色拉油少许

🍲 **做法**

① 酸白菜切段；蒜薹切段，备用。

② 热一炒锅，加入少许色拉油，炒香花椒、干辣椒、姜丝及猪五花肉片。

③ 再向锅中加入酸白菜段、蒜薹段及水、料酒、盐、白糖，一同炒匀。

④ 炒至汤汁收干，淋上香油即可。

烧肉白菜

🐟 **材料**

大白菜500克，梅花肉片100克，白芝麻少许，油3大匙，蒜末、葱末各10克

🍶 **调料**

盐、鸡精各少许

🧂 **腌料**

糖1/4小匙，料酒、酱油、姜汁各1小匙，淀粉适量

🍲 **做法**

① 大白菜洗净切片；梅花肉片加入所有腌料腌约15分钟，备用。

② 将大白菜片放入沸水中汆烫至软，捞出备用。

③ 热锅，倒入3大匙油，放入肉片煎至颜色变白，加入蒜末、葱末、白芝麻翻炒均匀。

④ 放入大白菜段、所有调料，翻炒入味即可。

芋头炖排骨

📋 材料
芋头450克，排骨300克，蒜段15克，
香菇3朵，水600毫升

🧂 调料
酱油2大匙，盐1/2小匙，鸡精1/4小匙，
胡椒粉少许，料酒1大匙，油2大匙

🍳 做法
1. 将芋头洗净、去皮、切块，入热油锅中炸熟，捞出沥油备用；香菇切块，备用。
2. 将排骨洗净，汆烫后备用。
3. 热锅，加入2大匙油，加入蒜段、香菇块爆香，再加入排骨及600毫升水，烧开后，盖上锅盖，以小火炖40分钟。
4. 向锅中加入芋头及调料，续炖约20分钟至软烂，起锅前再焖10分钟即可。

乐炖排骨

📋 材料
猪肋骨（小排）1800克，老姜50克，
水2000毫升

🧂 调料
冰糖4大匙，鸡精1.5大匙，盐、料酒各1大匙

💊 药包
当归、黄芪、川芎、枸杞各10克，熟地25克，
桂枝30克，肉桂、甘草各5克，参须2把，
八角2粒，红枣20颗

🍳 做法
1. 将所有药包材料（除枸杞及红枣外）装入棉布袋中，用棉线捆紧，制成药包备用。
2. 猪肋骨洗净，入沸水汆烫，冲净；老姜拍碎。
3. 取砂锅，放入药包及红枣，再加入2000毫升水，开中火煮至水烧开、药包逸出香味，转小火持保持略微沸腾状态，备用。
4. 将猪肋骨及老姜放入砂锅中，续以小火煮40～50分钟，再加入枸杞煮约5分钟，加入所有调料（除料酒外）调味，最后淋上料酒拌匀即可。

青椒炒肉丝

材料
猪肉丝150克，青椒50克，红辣椒丝少许

调料
盐1/8茶匙，胡椒粉、香油各少许，
水淀粉1/2茶匙，色拉油2大匙

腌料
鸡蛋液2茶匙，盐、酱油各1/4茶匙，
料酒、淀粉各1/2茶匙

做法
1. 猪肉丝加入所有腌料中，顺同一方向搅拌2分钟拌匀，备用。
2. 青椒洗净切丝，备用。
3. 将所有调料拌匀成兑汁，备用。
4. 热锅，加入2大匙色拉油润锅后，放入猪肉丝，以大火迅速炒至猪肉丝变白，再加入青椒丝、红辣椒丝炒1分钟，一面翻炒一面加入兑汁，以大火快炒至均匀即可。

炒回锅肉片

材料
熟猪五花肉200克，豆干2块，青椒20克，
圆白菜30克，红辣椒1/2个，蒜末1/2茶匙，
蒜薹10克

调料
辣豆瓣酱、酱油各1茶匙，糖1/2茶匙，
水淀粉适量，色拉油适量

做法
1. 青椒切菱形片；圆白菜切片；豆干切斜刀片状；红辣椒切小块；蒜薹切段，备用。
2. 熟猪五花肉切片，备用。
3. 热锅，加入适量色拉油，放入猪五花肉片，以中火炒至出油，且表面焦黄后盛出，备用。
4. 锅中留少许油，放入豆干片，以小火炒至干脆，再放入蒜末、辣豆瓣酱，以小火炒香，再加入圆白菜、青椒片、红辣椒片、蒜薹，以小火炒约3分钟。
5. 接着加入炒香的猪五花肉片及酱油、糖，炒1分钟，起锅前，加入水淀粉勾芡炒匀即可。

PART 2

中西皆宜
牛肉佳肴篇

牛肉富含蛋白质，营养价值高，牛不同部位的肉品还可做出风味不同的菜肴。

牛各部位肉品及其处理

牛各部位肉品适合的烹饪方式

　　牛不同部位的肉品适合不同的烹饪方式，像烧烤、炖煮与快炒分别使用不同部位的肉品。如果想要吃到软绵的红烧牛肉，那就要买对牛肉部位，这样做出来的炖牛肉也会更美味。

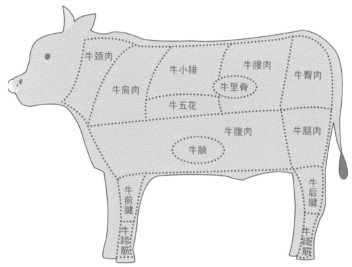

牛颈肉　牛肩肉　牛小排　牛里脊　牛五花　牛腰肉　牛臀肉　牛腹肉　牛腿肉　牛腩　牛前腱　牛后腱　牛蹄筋　牛蹄筋

● 牛小排

　　肉质结实，油纹分布适中，但脂肪含量较高。通常拿来作烧烤之用，在烧烤的过程中，油脂遇热会流出。牛小排还可长时间地烧煮，在烹调的时候，通常采用横切处理，烧煮出来的牛小排别有一番风味。

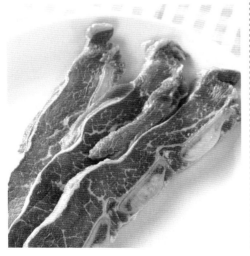

● 牛肋条

　　亦称牛五花，属于牛肋骨间的条状肉，重点在于牛肋条的油花多，受热后它的油花会和肉质融为一体，带来汁多味美、入口即化的口感。

● 牛筋

指牛的蹄筋部位，分为双管和单管，购买时可选较宽的。因为牛筋很硬，使用高压锅来烹饪较方便省事。因此，若选择牛筋来做红烧或炖煮菜品时，煮的时间一定要久，才能让牛筋双管较软化。

● 牛腱

分为花腱和腱子心，腱子心较小块，炖煮起来较好吃；花腱是牛前后小腿去骨后所得的肉块，属于常运动的部位，筋纹呈花状，含有高质量的胶质，带筋、脂肪少，口感劲道又多汁，很适合长时间地红烧或炖煮。

● 牛腩

即牛腹部及靠近牛肋处的松软肌肉，肉块扁平。其肉质纤维较少，脂肪较少，不需要切修。它是牛肉烹饪中最常使用的材料之一，非常适合用来红烧、炖煮。

● 牛脖花

指牛脖子上的肉。很多小门店大都选用牛脖花，因为牛脖花的价格相较于其他部位的牛肉便宜许多。

● 肩胛部肉

由于肩胛是经常运动的部位，肌肉发达，筋多，肉质较坚实，而肩胛部又可分为：嫩肩里脊（板腱），是附着于肩胛骨上的肉，油花多且肉质嫩，是极佳的煎、烧烤及火锅用肉；翼板肉，含有许多细筋络，口感嫩滑、油花多、嫩度适中，具有独特风味，适合煎、烧烤等方式烹饪及作为火锅用肉。

● 肋脊部肉

肋脊部的运动量较小，中间有筋，结缔组织受热易胶化，肉质较嫩，油花均匀，具有独特风味，很适合用来做牛排，俗称的沙朗牛排，即切自于肋脊部的肉。它还适合用煎、蒸、火锅等方式烹调。

● 前腰脊部肉

前腰脊部的运动量较少，该部位肉质较嫩，油花分布均匀，属于大里脊肉的后段。此部位适合以蒸、煎、烤等方式烹调，也可作为火锅、铁板烧的用料。丁骨牛排等正是用的此部位的肉。

● 后腰脊部肉

此部位可分为上下两部分，上后腰里脊肉，肉质细嫩，是很不错的牛排肉、烧烤肉及炒肉用料；上后腰里脊肉，口感最嫩的肉之一，是上等的牛排肉及烧烤肉选料。

● 腰内肉

也就是一般所称的小里脊肉，是运动量最少、口感最嫩的部位，常用来做菲力牛排及铁板烧用料。

● 腹胁肉

腹胁肉的肉质纤维较粗，常要修去脂肪后，以腹胁排的方式卖出。还可切成薄片炒制。

● 后腿部肉

外侧后腿部位肉，状似小里脊肉，但是肉质比较粗且硬实，烹饪前最好先去筋，或以拍打方式加以嫩化处理。通常被用来当做炒肉或火锅肉片的用料。

正确处理肉品

● 挑选

肉品一定要新鲜，挑选新鲜肉品的标准就是：颜色不可出现冰冻太久后的青色，闻起来不能有腥臭味。新鲜牛肉应呈鲜红色，且肉质有弹性，油脂较一般肉品多一些。对于牛肉片来说，油花多且分布漂亮的，才是上等牛肉片，沙朗牛肉片就是个例子，其口感顺滑鲜嫩。

● 保存

买回来的肉品，若一餐吃不完，一定要马上分装处理好，贴上写好购买日期的标签后，再放入冰箱冷冻室保存。以塑料袋分开包装，减少与空气接触的机会，且肉片都要平铺好再放入袋中。若是从菜市场买的肉片，则要多加一道清洗的工序，再以厨房纸巾轻轻吸干水分后才能装袋。当然，冰箱不是万能的，冷冻太久也会让肉品的鲜度降低，而且还会造成肉质口感干涩。所以，肉品放入冰箱冷冻保存，最好不要超过1个月，若是放在冷藏室中，则只有3天的保鲜期限。

● 烹饪前处理

解冻是肉品很重要的烹饪前处理工作，最好的解冻方式是，先将肉品放在一个大碗或盆中（依分量多少而定），然后提前12小时移入冷藏室，让其慢慢解冻。放入大碗或盆中，主要是避免其在解冻过程中有水分渗出，影响冰箱的整洁。千万不可直接将冷冻的肉品放在水槽中冲水，利用室温强力解冻，这种方式很容易滋生细菌，尤其是夏天温度较高，这样不只影响风味，还容易引起食物中毒。还要注意，重复解冻再冷冻的动作，会破坏肉的纤维及新鲜度，若是肉因冷冻过久而出现略青的颜色，或拿出来就有些微腥臭味，就表示此肉已不新鲜。

红烧牛肉

🍲 材料

牛腱	200克
姜末	1茶匙
红葱末	1茶匙
蒜末	1/2茶匙
上海青	80克
水	500毫升

🍶 调料

豆瓣酱	1茶匙
料酒	1大匙
蚝油	2茶匙
糖	2茶匙
盐	1/4茶匙
色拉油	2大匙

🍴 做法

❶ 牛腱放入沸水中，以小火汆烫约10分钟捞出，冲凉剖开，再切成2厘米厚块，备用。

❷ 热锅，加入2大匙色拉油，放入姜末、红葱末、蒜末，以小火炒香。

❸ 再加入豆瓣酱、料酒、牛腱块，以中火炒约3分钟炒匀。

❹ 接着加入水，以小火煮约15分钟，再加入蚝油、糖、盐拌匀。

❺ 加盖煮10分钟至入味；上海青洗净，对剖去头尾，放入沸水中汆烫后捞起，盛盘围边，中间放入做好的牛肉即可。

美味秘诀 炒牛肉时不能将水与调料一起入锅，要先将豆瓣酱、料酒与牛肉炒入味之后，再加水烧煮，这样才会有香气散出，牛肉才会入味好吃。

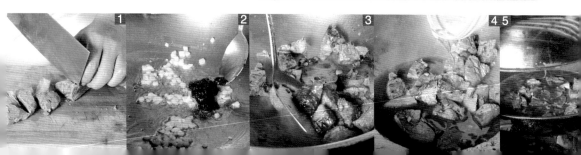

贵妃牛腩

材料
牛腩500克，洋葱20克，姜30克，
水1000毫升

调料
番茄酱6大匙，辣椒酱4大匙，盐1/6茶匙，
色拉油1大匙，白糖2大匙

做法
1. 牛腩洗净切块，氽烫备用；洋葱去皮切碎；
   姜切碎，备用。
2. 热锅，倒入1大匙色拉油，以小火爆香洋葱
   碎和姜末，再加入牛腩块和所有调料，烧
   开后，转小火炖煮约1.5小时，至牛腩块熟
   透软化、汤汁略为收干即可。

滑蛋牛肉

材料
牛肉片100克，鸡蛋3个，葱花1.5茶匙

调料
盐、料酒各1/2茶匙，胡椒粉1/4茶匙，
水淀粉1茶匙，色拉油2大匙

腌料
鸡蛋液2茶匙，盐、酱油各1/4茶匙，
料酒、淀粉各1/2茶匙

做法
1. 牛肉片中加入所有腌料，以筷子朝同一方
   向搅拌数十下，拌匀备用。
2. 热锅，放入2大匙色拉油，以中火将腌好的
   牛肉片煎熟，盛出备用。
3. 将鸡蛋、葱花与所有调料混合打匀，再加
   入煎好的牛肉片拌匀，备用。
4. 煎牛肉片的锅中留少许油，加热后，将上
   一步混匀的材料放入锅中，转中小火，用
   锅铲顺同一方向慢慢炒，炒至鸡蛋液半熟
   即熄火，盛盘即可。

美味秘诀 要让滑蛋更滑嫩爽口，可向调料中
加入少许淀粉与鸡蛋液一起拌匀，煎至
半熟即可熄火，利用余温将蛋煮熟。

铁板牛柳

材料
牛肉150克，洋葱丝50克，蒜末1茶匙，
奶油1大匙

调料
黑胡椒粉、水淀粉各1茶匙，蚝油1大匙，
盐1/8茶匙，糖1/4茶匙，油适量

腌料
酱油1茶匙，糖、嫩肉粉各1/4茶匙，淀粉1/2茶匙

做法
1. 顺着牛肉纹路切成宽约0.5厘米条状，再加入所有腌料一起拌匀，腌制约30分钟，备用。
2. 热锅，加入适量油，放入牛肉条，泡入温油中约1分钟后，捞起沥干油，备用。
3. 锅中留少许油，放入奶油加热融化，再加入蒜末、洋葱丝，以小火炒香、炒软，续加入所有调料（除水淀粉外），再放入牛肉条，以大火快炒均匀，再以水淀粉勾芡即可。

黑胡椒牛柳

材料
牛肉250克，洋葱50克，大蒜2瓣，奶油适量，
青椒、红甜椒各1/2个

调料
黑胡椒粒、淀粉各1/2小匙，酱油1大匙，
黑胡椒酱、糖各1小匙，盐1/4小匙，水5大匙

腌料
小苏打1克，酒1小匙，酱油、淀粉各1大匙，
糖1/2小匙

做法
1. 所有材料洗净，牛肩肉片、洋葱、青椒、红甜椒均切条；大蒜切片，备用。
2. 将牛肩肉条用所有腌料腌约15分钟后，放入热油锅中过油，捞起备用。
3. 另热一锅，加入奶油融化，放入蒜片、洋葱条爆香，放入黑胡椒粒炒香后，再加入其余调料煮开，最后放入牛肩肉条、青椒条、红椒条翻炒均匀即可。

清炖牛腩

🥩 材料

牛腩	300克
白萝卜	100克
姜	30克
葱	10克
花椒	1茶匙
白胡椒粒	1/2茶匙
水	700毫升

🧂 调料

盐	1茶匙
料酒	1大匙

📖 做法

❶ 将牛腩切成5厘米大小的块状，放入沸水中汆烫，捞出洗净，备用。

❷ 白萝卜去皮，切滚刀块，放入沸水中汆烫，捞出备用。

❸ 姜切片；葱切段；白胡椒粒用菜刀压破，和花椒一起装入卤包袋中，备用。

❹ 取一汤锅，加入所有材料，以小火熬煮1小时，续加入所有调料，再煮15分钟，起锅前，捞除卤包袋、姜片、葱段即可（盛碗后可另加入香菜搭配）。

美味秘诀 用来煮汤的肉需先汆烫，再用冷水冲洗干净，一方面能烫去血水及杂质，另一方面可让表面肉质紧缩，让其耐久煮。汆烫过后的水一定要全部倒掉，不能重复使用。

葱爆牛肉

材料
牛肉片150克，葱30克，姜20克

调料
蚝油、水淀粉各1茶匙，盐1/8茶匙，
料酒1/2茶匙，油3大匙

腌料
酱油1茶匙，糖、嫩肉粉各1/4茶匙，淀粉1/2茶匙

做法
1. 牛肉片中加入所有腌料拌匀，腌制约30分钟；姜去皮、切片；葱切段，备用。
2. 热锅，加入3大匙油，放入腌好的牛肉片，以筷子拨散。过油后，捞出沥油，备用。
3. 锅中留少许油，放入姜片，以小火煸香，再加入葱段，煸至表面略焦，续放入牛肉片及蚝油、盐、料酒，以大火快炒均匀后，以水淀粉勾芡即可。

红烧牛尾

材料
牛尾1条，西红柿50克，苹果1个，姜10克，
葱30克

调料
盐1茶匙，糖3茶匙，白醋2茶匙，红酒50毫升

做法
1. 先以中火烧牛尾，烧时不断的转动牛尾，烧5～10分钟，至牛尾表面呈黄褐色，再以流动的水冲洗，同时用钢刷刷净表面。
2. 将牛尾切段，加上姜、葱（不用切，用来去味），以小火水煮90分钟，备用。
3. 将西红柿去皮，苹果去核，一起放入果汁机打成水果泥。
4. 将牛尾、水果泥与盐、糖、白醋混合拌匀，以小火同煮1小时，再加入红酒继续炖煮40分钟即可。

家常炖牛肉

材料
牛肉500克，胡萝卜50克，土豆100克，
姜片3片，葱10克，水3000毫升

调料
酱油3大匙，白糖1大匙，料酒2大匙，
八角4粒，色拉油少许

做法
1. 将牛肉切块，放入沸水中汆烫至熟，捞出后，以冷水洗净，备用。
2. 土豆、胡萝卜分别洗净、去皮、切块；葱切段，备用。
3. 取锅放少许色拉油，放入烫熟的牛肉块、土豆块、胡萝卜块、葱段煸炒一会，再加入其余材料、所有调料，以小火炖煮约2小时，至牛肉入味且熟透即可。

葱烧西红柿炖牛肉

材料
去皮西红柿3个，牛肋条900克，葱段200克，
姜片20克，蒜片10克，牛高汤3500克，
色拉油少许

调料
盐少许

做法
1. 将去皮西红柿切块；牛肋条汆烫至熟，冷却后切块，备用。
2. 热锅，加入少许色拉油，加入葱段、姜片及蒜片爆香。
3. 续加入去皮西红柿块及牛肋条块翻炒均匀，加入市售牛高汤烧开，转小火炖煮约90分钟至牛肉软烂、收汁，加入盐调味即可。

啤酒炖牛肉

材料
牛筋肉300克，洋葱50克，香菇150克，
啤酒1.5杯，胡萝卜少许，水1杯

调料
盐1小匙，糖1/2小匙，油少许

腌料
啤酒1/4杯，盐1/4小匙，淀粉1/2小匙

做法
1. 牛筋肉切小块，加入腌料抓匀，腌制20分钟以上，备用。
2. 洋葱切小片状；香菇、胡萝卜切小块，备用。
3. 热锅，倒入少许油，放入洋葱片炒软，再加入牛筋肉炒至表面变白。
4. 向锅中加入除了香菇外的所有材料，烧开后，转小火继续炖煮30分钟至1个小时，至牛筋肉软化即可。
5. 再向锅中加入香菇，转中火煮至香菇熟，最后加入所有调料调味即可。

香炖牛肉

材料
牛腱800克，白萝卜100克，洋葱80克，
辣椒2个，姜片30克，葱50克，市售卤包1包，
水500毫升

调料
酱油15毫升，料酒20毫升，糖1.5大匙

做法
1. 牛腱切成厚约1厘米的小块，用开水汆烫约1分钟后，洗净沥干；白萝卜去皮切小块，备用。
2. 洋葱切小块；辣椒对切；葱切段，备用。
3. 将牛腱块、白萝卜块、洋葱块、辣椒、葱段一起放入电锅内锅中。
4. 再向内锅中加入姜片和所有调料、水及卤包，盖上锅盖，按下开关。
5. 待开关跳起后，即可取出食用。

卤牛腱

材料

牛腱	2000克
葱	30克
姜	20克
水	1000毫升

调料

色拉油	约4大匙
酱油	30毫升
白糖	15克
料酒	20毫升

卤包

草果	2颗
八角	10克
桂皮	8克
丁香	5克
花椒	5克
小茴香	3克
白蔻	3克

美味秘诀
切肉时，一定要将肉放凉后再切，否则会切得不平整，影响美观。

做法

1. 牛腱入沸水中氽烫约3分钟后，洗净沥干，备用；将草果拍破，和其余卤包材料放入棉布袋中，扎紧袋口，制成卤包；葱和姜拍松。

2. 锅烧热，倒入约4大匙色拉油，放入葱、姜，以中火爆香。

3. 向锅中逐步加水、加入所有调料。

4. 再放入卤包，以中火烧开。

5. 再把氽烫后的牛腱放入锅中，煮开后转小火，并保持微滚状态，盖上锅盖，继续炖煮约50分钟，再打开锅盖，以小火持续烧开，并不时翻动牛腱使其均匀受热。煮至汤汁收干至浓稠状，熄火，切片食用即可。

柱侯烧牛腱

材料
熟牛腱1000克，白萝卜150克，葱10克，
姜末、蒜末各1/2茶匙，牛肉汤1000毫升

调料
柱侯酱、黄酒各1茶匙，白糖、蚝油各1大匙，
盐1/4茶匙，香油少许，水淀粉2大匙，
色拉油1大匙

做法
❶ 白萝卜去皮，切滚刀块，放入沸水中汆烫
至熟；熟牛腱切块；葱切段，备用。

❷ 热一不锈钢锅，加入1大匙色拉油，转小
火，放入姜末、蒜末炒香，放入柱侯酱略
炒，再放入熟牛腱块翻炒约2分钟。

❸ 向锅中加入牛肉汤、黄酒、白糖，待烧沸
后，转小火维持沸腾状态约20分钟，放入白
萝卜块及蚝油、盐，炖煮约15分钟。

❹ 待锅内的汤汁略低于食材，即以水淀粉勾
芡，最后淋上香油、撒上葱段即可。

大蒜烧牛腱

材料
熟牛腱1块，大蒜100克，牛肉汤1000毫升，
色拉油1茶匙，上海青适量

调料
黄酒2大匙，白糖、酱油各1大匙，盐1/2茶匙，
水淀粉1茶匙

做法
❶ 将熟牛腱切成适当大小的块状；取一锅，以
中火温油，放入大蒜后转小火，炸至大蒜呈
金黄色后捞出，沥油；上海青放入沸水中汆
烫至熟，捞起摆盘，备用。

❷ 取一不锈钢锅，烧热后，加入1茶匙色拉油，
放入炸好的大蒜，以小火慢炒约1分钟，再加
入牛腱块一起炒约3分钟。

❸ 再向锅中加入牛肉汤、黄酒、白糖与酱油，转
小火煮约20分钟，最后加盐煮约15分钟，至
汤汁收干，再以水淀粉勾芡。

❹ 最后盛起，放入摆有上海青的盘上即可。

葱味卤牛腱

材料
牛腱150克，姜5克，葱20克，卤味包1包，水800毫升，陈皮1片

调料
酱油50毫升，冰糖2大匙，色拉油1大匙

做法
1. 将牛腱外皮的筋去除、洗净；姜切片；葱切段，备用。
2. 取一汤锅，加入1大匙色拉油，再加入姜片及葱段，以中火爆香。
3. 加入卤味包、陈皮、适量水、牛腱及所有调料，以中火烧开。
4. 盖上锅盖，转中小火焖煮约50分钟至软烂，冷却后切片即可。

酒香牛肉

材料
牛肋条600克，红辣椒2个，葱20克，竹笋200克，姜片、蒜片各40克，水200毫升

调料
黄酒40毫升，盐1茶匙，白糖1大匙

做法
1. 牛肋条切小块；竹笋洗净后切块；红辣椒及葱均切长段，备用。
2. 将牛肋条块、竹笋块、红辣椒段、葱段、姜片、蒜片放入一电锅内锅中，再加入所有调料。
3. 外锅加约2杯水，盖上锅盖，按下开关，蒸至开关跳起即可。

西红柿豆瓣烧牛腩

🍽 材料

牛腩	600克
西红柿	3个
洋葱	100克
大白菜	100克
蒜末	1茶匙
姜末	1茶匙
水	2000毫升
干山楂	6克

🍶 调料

豆瓣酱	2大匙
白糖	3大匙
黄酒	1大匙
盐	1茶匙
水淀粉	2大匙
油	1大匙

📋 做法

1. 牛腩切成约6厘米×3厘米的长方块，将牛腩块放入沸水中汆烫约2分钟，捞出冲水至凉，并沥干备用；将西红柿、洋葱切块；大白菜洗净切段，备用。

2. 取不锈钢炒锅，烧热，放入1大匙油，炒香姜末、蒜末，再放入豆瓣酱，以微火炒约30秒钟，放入牛腩块再炒约3分钟。

3. 向锅中加水2000毫升，烧开后转小火。

4. 再向锅中放入干山楂、1/2的西红柿块、1/2的洋葱块、白糖和黄酒，以小火煮约30分钟。

5. 再加入其余的洋葱块、西红柿块与盐，一起炖煮约15分钟后，用水淀粉勾芡，盛出备用。锅中留有汤汁，并加入少许盐（分量外）与色拉油（分量外），再把大白菜段放入锅中汆烫至熟，捞出沥干后放盘底，再把之前做好的材料盛入即可。

酱爆牛舌

材料
牛舌1/2根，小黄瓜1条，红辣椒1个，大蒜3瓣

调料
甜面酱2茶匙，酱油1茶匙，糖1/2茶匙，酒少许

做法
1. 将牛舌放入锅中，加适量水（盖过食材），以小火煮1小时捞出，剥去外皮切丁，过油30秒钟，取出备用。
2. 小黄瓜切丁；红辣椒切片；大蒜切末，备用。
3. 炒锅热油，将蒜末爆香，再放入甜面酱、酒，以小火炒1分钟，放入牛舌、酱油、糖，再以小火炒1分钟。
4. 最后放入小黄瓜丁、红辣椒片，转大火炒2分钟即可。

水煮牛肉

材料
牛肉片250克，莴笋1根，青蒜10克，油2大匙，干辣椒4个，蒜末、姜末各1/2茶匙，水250毫升

调料
辣豆瓣酱1大匙，酱油1茶匙，糖1/2茶匙，盐1/4茶匙，花椒粒1/2茶匙，色拉油适量

做法
1. 莴笋、青蒜均洗净切片；干辣椒泡水、剪段。
2. 热锅，加入适量色拉油，放入莴笋及1/4茶匙盐，以小火炒约2分钟，盛盘备用。
3. 锅洗净，加入1大匙油，放入干辣椒及花椒粒，以小火炒约1分钟，捞出放凉、压碎，备用。
4. 锅中留少许油，放入辣豆瓣酱、蒜末、姜末，以小火炒约1分钟，加入水、酱油、糖，待烧开后转小火，并保持沸腾状态，再逐片放入腌好的牛肉片，涮至牛肉片变白后熄火（腌法见75页）。
5. 将做好的牛肉片连汤盛入放有莴笋的盘中，再撒上辣椒粉及花椒碎，最后另烧热1大匙油淋在上面，并放入青蒜片即可。

泡菜烧牛肉

材料
熟牛肉300克，泡菜100克，水600毫升，香菜少许

调料
水淀粉1/2茶匙，白糖、料酒、酱油各1大匙，色拉油1大匙

做法
1. 把熟牛肉切成约2厘米×2厘米大的块状；泡菜切小段，备用。
2. 取一不锈钢锅，烧热后，加入1大匙色拉油，先将泡菜入锅炒约2分钟，再放入熟牛肉块炒约1分钟。
3. 向锅中加入水，待烧开后转小火，再放入白糖、料酒炖煮约15分钟，再加入酱油炖煮约10分钟，至汤汁收干后，以水淀粉勾芡炒匀，最后盛起，撒上香菜即可。

美味秘诀 　　熟牛肉事先以大块煮熟，可加适量小苏打粉增加嫩度。

蚝油芥蓝牛肉

材料
牛肉片150克，芥蓝100克，鲍鱼菇1片，胡萝卜片10克，姜末1/4茶匙，水3大匙

调料
蚝油2茶匙，盐少许，糖1/4茶匙，色拉油2大匙

做法
1. 将牛肉片加入所有腌料（腌料见53页）中，以筷子朝同一方向搅拌数十下，拌匀备用。
2. 芥蓝洗净氽烫至熟后，盛入盘底备用；鲍鱼菇切小块，洗净备用。
3. 热锅，加入2大匙色拉油，以中火将牛肉片煎至九分熟盛出，备用。
4. 盛出牛肉片后，再次加热锅，放入鲍鱼菇、胡萝卜片、姜末略炒，再加入水、所有调料及煎好的牛肉片，以大火快炒1分钟至均匀，盛入摆有芥蓝的盘中即可。

咖喱牛肉

🥘 材料
牛肉片150克，菜花、土豆各50克，甜豆3个，胡萝卜20克，洋葱1/4颗，蒜末1/2茶匙，水250毫升

🧂 调料
咖喱粉1大匙，盐、鸡精各1/2茶匙，糖1/4茶匙，色拉油1.5大匙

🍲 做法
❶ 土豆、胡萝卜、洋葱均去皮切片；菜花洗净、切成小朵；甜豆洗净，备用。

❷ 将胡萝卜、土豆、菜花余烫2分钟后过冷水，备用。

❸ 热锅，加入1.5大匙色拉油，放入蒜末、咖喱粉略炒，再放入牛肉片炒至肉色呈白色，加适量水及剩余调料拌匀，再加入胡萝卜片、土豆片、菜花与洋葱炖煮约5分钟，起锅前加入甜豆烧开即可。

沙茶牛肉

🥘 材料
牛肉300克，西芹200克，姜末、蒜末各20克

🧂 调料
沙茶酱1茶匙，盐、糖各1/2茶匙，水30毫升，淀粉1/4茶匙

🍲 做法
❶ 将腌过的牛肉片滑油沥干（腌法见75页）；西芹去筋、切成小段，备用。

❷ 锅中入油烧热，放入姜末、蒜末炒香，再放入西芹段，以中火炒2分钟，放入牛肉片、所有调料（淀粉除外），转大火快炒2分钟，最后用淀粉勾芡即可。

清蒸牛肉片

材料
去骨牛小排200克，葱20克，姜适量，红辣椒少许

调料
豆豉汁3大匙，淀粉1茶匙

做法
1. 牛小排切片，加入淀粉拌匀后，摊平于盘中；葱切长段后，切成细丝；姜、辣椒均切丝，备用。
2. 取葱丝、姜丝、红辣椒丝一起泡冷水约3分钟，再取出沥干，备用。
3. 将牛小排肉片放入蒸锅中，以中火蒸约5分钟后，淋入豆豉汁，再继续蒸约2分钟，最后放上葱丝、姜丝、红辣椒丝即可。

麻辣牛肉片

材料
牛腱400克，葱白10克，姜片30克，葱花适量，香菜末少许

调料
辣椒粉1大匙，八角4粒，香油、醋各1/2茶匙，花椒1茶匙，辣椒油、辣豆瓣酱、酱油、糖各1茶匙

做法
1. 牛腱放入沸水中，以小火氽烫约10分钟后，捞出备用。
2. 煮一锅水，放入葱白、姜片、花椒、八角待沸，放入牛腱，以小火煮约90分钟，取出放凉，切0.2厘米薄片备用。
3. 取一容器，放入牛腱片，加入所有调料拌匀，再加入葱花拌匀，放置约30分钟待入味即可盛盘，最后加入香菜末、辣椒粉拌匀即可。

干丝牛肉

材料
宽干丝100克，牛肉80克，
姜丝、红辣椒丝、葱丝各30克

调料
香油1茶匙，酱油3大匙，白糖1大匙，水5大匙

腌料
淀粉、酱油、蛋清各1茶匙，油适量

做法
1. 牛肉加入腌料中拌匀，腌制10分钟，备用。
2. 热油锅，加入腌好的牛肉翻炒，待表面变白后，起锅沥油备用。
3. 原锅中加入姜丝及红辣椒丝翻炒，再加入干丝、酱油、白糖、水，烧至酱汁快干时，加入牛肉及葱丝，炒至酱汁收干，淋入香油即可。

美味秘诀 豆制品比较难入味，烹煮时务必让汤汁收干，这样味道才会浓郁。

西芹牛肉

材料
沙朗牛肉片1盒，西芹100克，胡萝卜丝30克，
葱20克，大蒜10克，红辣椒1个

调料
糖、料酒各1小匙，盐1/2小匙，水2大匙，
色拉油、香油各适量

腌料
酱油、料酒、蛋清各1小匙，淀粉1大匙

做法
1. 沙朗牛肉片切条；西芹切条；葱切段；大蒜切末；红辣椒切斜片，备用。
2. 将沙朗牛肉条加入所有腌料中，腌约15分钟。热锅，放入适量色拉油烧热，将牛肉条过油后，捞起沥油，备用。
3. 另热一锅，倒入1大匙油烧热，放入葱段、蒜末爆香，再放入沙朗牛肉条、西芹条、红辣椒片、胡萝卜丝翻炒，加入除香油外的其余调料炒匀，起锅前淋上香油即可。

韭黄牛肉丝

材料
牛肉丝200克，韭黄150克，蒜末5克，
红辣椒1个，油适量

调料
盐1/2茶匙，酱油、糖各1/4茶匙，料酒1茶匙，
水淀粉适量

做法
① 韭黄洗净切段；红辣椒切丝，备用。
② 取锅，加入1/4锅油，烧热至160℃，放入
   腌好的牛肉丝（腌法见75页），搅散后炸
   至肉变白盛出，并将油倒出。
③ 重新加热锅，放入1大匙油、蒜末、红辣椒
   丝，以小火略炒后，转大火，放入韭黄段
   炒1分钟。
④ 再向锅中加入炸过的牛肉丝及所有调料
   （除水淀粉外），以中火炒30秒钟，最后
   加入水淀粉勾芡即可。

干煸牛肉

材料
牛肉丝150克，四季豆30克，红辣椒丝少许，
蒜末1/4茶匙

调料
黄酒2茶匙，酱油1茶匙，糖1/4茶匙，
色拉油3大匙

腌料
鸡蛋液2茶匙，盐、酱油各1/4茶匙，
酒、淀粉各1/2茶匙

做法
① 四季豆去蒂、切斜段，备用。
② 牛肉丝加入所有腌料中，以筷子朝同一方向
   搅拌数十下，拌匀备用。
③ 热锅，加入3大匙色拉油润锅，放入腌好的牛
   肉丝，用中小火炒至变色，并分两次加入黄
   酒，炒至牛肉丝表面略焦黄。
④ 向锅中放入四季豆及蒜末、红辣椒丝炒匀，起
   锅前加入酱油与糖，用中火炒约1分钟即可。

圆白菜炒牛肉片

🦑 材料
薄牛肉片150克，圆白菜300克，长豆角1根，蒜末、葱各20克

🍶 调料
甜面酱、豆瓣酱各18克，酱油、料酒各15毫升，糖10克，色拉油适量

🍶 腌料
料酒、酱油各1小匙，胡椒粉适量

🍳 做法
1. 长豆角去两端蒂，放入沸水中汆烫至熟，切适当长段；所有调料混合均匀，备用。
2. 薄牛肉片切约5厘米长段，以腌料拌匀；圆白菜撕成适当大小片状；葱切约4厘米段。
3. 热锅，倒入适量色拉油，放入蒜末炒香，加入薄牛肉片煎成金黄色，再加入调匀的调料、圆白菜片、葱段翻炒入味，再加入长豆角段翻炒一下即可。

苦瓜炒牛肉片

🦑 材料
牛肉片100克，苦瓜1根，大蒜10克，熟咸鸭蛋1个，水1000毫升

🍶 调料
糖、盐各1/2小匙，水1大匙，色拉油适量

🍳 做法
1. 大蒜去皮切片；苦瓜去子、去膜，洗净切小段；熟咸鸭蛋去壳切碎，备用。
2. 取一锅，加1000毫升水烧开，将苦瓜段烫熟，捞出泡冷水后，沥干备用。
3. 取一炒锅，加少许色拉油烧热，爆香蒜片，放入牛肉片炒至八分熟，取出备用。
4. 向锅中再加少许色拉油，放入咸鸭蛋碎炒到冒泡后，放入苦瓜段、牛肉片炒匀，再加入所有调料炒匀即可。

美味秘诀 苦瓜剖开后去除白膜再汆烫，苦味会减轻很多。

蒜味牛排

材料
牛排600克，蒜片200克，青椒片、黄椒片、红椒片各30克

调料
料酒1大匙，蚝油10毫升，鸡精1/4小匙，水淀粉少许，油1小匙

做法
1. 将蒜片放入170℃温油中，以中火炸至表面金黄后捞起，再与料酒一起放入果汁机中，打成泥状备用。
2. 将牛排放入180℃油锅中，炸约1分钟，捞起沥油，备用。
3. 热1小匙油，放入牛排、蚝油、鸡精与蒜泥翻炒约2分钟，再加入青椒片、黄椒片、红椒片，快速翻炒至均匀入味。
4. 起锅前，用水淀粉勾薄芡即可。

彩椒牛肉

材料
牛肉片适量，青椒、黄甜椒、红甜椒各1/2个，葱10克，姜少许

调料
蚝油1.5大匙，酒、糖各1小匙，水3大匙，淀粉、香油各少许，油1大匙

腌料
葱10克，姜2片，酒、酱油各1大匙，胡椒粉、淀粉各少许，鸡蛋清1小匙

做法
1. 将牛肉片切小片状；其余材料均切小片状；所有调料（除香油外）拌匀，备用。
2. 牛肉片加入所有腌料中，腌约10分钟，过油备用。
3. 热锅，倒入1大匙油烧热，放入葱片、姜片爆香后，放入牛肉片与青椒片、黄甜椒片、红甜椒片翻炒，再加入拌匀的调料炒匀，起锅前淋上香油即可。

醋溜牛肉

材料
牛肉丝300克，笋丝60克，
黑木耳丝、胡萝卜丝、芹菜丝各30克

调料
香醋1大匙，酱油1茶匙，糖、淀粉各1/2茶匙，
水20毫升

做法
① 将笋丝、黑木耳丝、胡萝卜丝、芹菜丝洗
净，备用。
② 将牛肉丝迅速过油，沥干备用。
③ 将笋丝、黑木耳丝、胡萝卜丝、芹菜丝全部
入锅，以中火炒1分钟至软，倒入所有调料
（除淀粉外）混匀，再加入淀粉勾芡。
④ 最后将牛肉丝加入锅中翻炒均匀即可。

牛肉粉丝

材料
粉条2把，牛肉片80克，葱丝10克，
鲜香菇片40克，鸡高汤150毫升，蒜片20克，
姜末、蒜末、芹菜末、红辣椒丝各5克

调料
香油1茶匙，蚝油1大匙，沙茶酱2大匙，
白糖1/2茶匙，油2大匙

做法
① 粉条提前浸泡变软，切成约6厘米的长段。
② 热锅，倒入2大匙油，放入腌好的牛肉片（腌
法见75页），以大火快炒约30秒钟，至表面
变白，捞出备用。
③ 锅中留少许油，放入鲜香菇片、葱丝、姜
末、蒜片及蒜末，以小火爆香，再加入沙茶
酱略炒香后，加入蚝油、鸡高汤、白糖及粉
条段，一同烧开，放入牛肉片，以中火翻炒
约1分钟至汤汁略收干。
④ 再向锅中加入芹菜末、红辣椒丝和香油炒
匀即可。

豉椒牛肉

🐟 材料
牛肉180克，青椒80克，红辣椒末15克，
葱、豆豉各10克，姜8克

🍶 调料
蚝油、酱油、料酒、香油各1小匙，
白糖、淀粉各1/2小匙，水1大匙，色拉油3大匙

📖 做法
1. 青椒洗净，去籽切小块；葱洗净切小段；
   姜洗净切小片；豆豉洗净切碎，备用。
2. 将所有调料（除香油外）调匀成兑汁，备用。
3. 热锅，倒入2大匙色拉油，以大火快炒腌制
   好的牛肉片（腌法见75页），至其表面变
   白，捞出备用。
4. 另热锅，倒入1大匙色拉油，以小火爆香豆
   豉、葱段、姜片以及红辣椒末，再加入青
   椒块和牛肉片，以大火快炒5秒钟后，边炒
   边将兑汁淋入，最后淋上香油炒匀即可。

牛蒡牛肉丝

🐟 材料
牛蒡200克，牛肉300克，红辣椒1/2个

🍶 调料
味啉2茶匙，酱油、料酒各1茶匙，糖1/2茶匙，
盐1/4茶匙

📖 做法
1. 将腌过的牛肉切丝（腌法见75页）；将红辣椒
   切丝，备用。
2. 牛蒡削皮，切成细丝，冲水10分钟，备用。
3. 将牛肉丝氽烫，捞起备用。
4. 炒锅入油烧热，以大火炒牛蒡丝约3分钟，再
   加入牛肉丝、所有调料、红辣椒丝，以大火
   炒3分钟即可。

芦笋牛肉

材料
牛肉片、芦笋各100克，胡萝卜80克，姜丝20克

调料
淀粉、白糖各1茶匙，嫩肉粉1/6茶匙，味噌2茶匙，酱油、蛋清、水各1大匙，料酒20毫升，油约2大匙

做法
1. 牛肉片用淀粉、嫩肉粉、酱油、5毫升料酒、蛋清抓匀，腌制约5分钟；芦笋切小段；胡萝卜去皮切长条，备用。
2. 热锅，加入约2大匙油，放入腌制好的牛肉片，以大火快炒约30秒钟，至其表面变白，捞起沥油，备用。
3. 于锅中留少许油，放入姜丝，以小火爆香，再加入芦笋段、胡萝卜条及味噌、白糖、15毫升料酒、水，以小火煮约1分钟后，放入牛肉片快速翻炒约30秒钟即可。

洋葱寿喜牛

材料
肥牛肉片200克，洋葱丝50克，熟白芝麻少许，柴鱼片1/2碗，姜片20克，葱段10克，水250毫升

调料
味啉、酱油各2大匙，料酒1大匙，糖2茶匙

做法
1. 取一不锈钢锅，放入250毫升的水、姜片、葱段，以小火煮5分钟，加入柴鱼片后熄火，再浸泡约30分钟，过滤出汤汁备用。
2. 将汤汁烧开，加入所有调料拌匀，即为寿喜酱汁，备用。
3. 热锅，倒入寿喜酱汁，放入洋葱丝，以中火烧开，再加入肥牛肉片，以大火煮至入味、汤汁收干，盛盘，最后撒上熟白芝麻即可。

茶香牛肉

🍲 材料
牛腩700克，姜末20克，绿茶30克，水1000毫升

🍶 调料
盐、糖、黄酒各1茶匙，桂皮1块，草果2颗，
花椒5克，八角4粒

📋 做法
❶ 牛腩与桂皮、草果、花椒、八角一同放入锅
中，以小火共煮1小时后，取出牛腩切块，
备用。
❷ 锅中加油烧热，放入姜末、牛腩块，以小火
炒香，再加入水、绿茶与其余调料，以小火
继续炖煮约30分钟，至牛肉烂熟即可。

烤牛排

🍲 材料
牛排300克，大蒜3瓣，丰水梨50克，洋葱20克

🍶 调料
味啉、酱油各2大匙，料酒、糖各1大匙

📋 做法
❶ 将大蒜、丰水梨、洋葱、所有调料一同放
入果汁机中，搅打成泥，备用。
❷ 将牛排放入上一步打成的泥中，腌制一夜
（约8小时）备用。
❸ 将腌制好的牛排放入烤箱中，先以120℃烤约
10分钟，再以200℃烤至表面焦香后，取出即
可（食用时可撒上适量黑胡椒粉）。

美味秘诀 烤肉时由于没有任何水蒸气，肉
质很容易紧缩而变得干硬，因此最好挑
选像牛小排这类较有肉且具有油分的
部位，让原有的油脂在遇高温时融化流
出，维持肉质的油嫩与弹性，吃起来口
感较佳。

香根牛肉

材料

牛肉	300克
香菜	300克
陈皮	10克

调料

盐	1/2茶匙
酱油	1/2茶匙
糖	1/4茶匙

做法

1. 将腌好的牛肉切丝，备用。
2. 香菜洗净，去叶留梗，将梗切成小段；陈皮用冷水泡软后，切成细丝，备用。
3. 将牛肉丝过油，沥干备用。
4. 先将香菜梗、陈皮丝放入锅中，以中火快炒2分钟，再放入牛肉丝，加入调料，以大火翻炒均匀即可。

牛肉腌法

材料

牛肉500克，水100毫升

调料

盐、糖、酱油、小苏打各3克，料酒10毫升，鸡蛋1个，淀粉12克

做法

将全部调料加适量水混合均匀后，再将牛肉放入拌匀，腌制30~60分钟即可。

备注：牛肉以500克为基准，可依比例增减调料分量。

如：牛肉300克，盐、酱油为1.2克（因数量很少，取1克即可），依此类推。

牛肉豆腐煲

🐟 材料

牛肉	120克
老豆腐	200克
洋葱	20克
姜	30克
青蒜	40克
水	200毫升
蛋清	1大匙

🍶 调料

白糖	1大匙
嫩肉粉	1/4茶匙
淀粉	1茶匙
酱油	1茶匙
香油	1茶匙
油	2大匙
辣豆瓣酱	2大匙
料酒	2大匙
水淀粉	2大匙

📋 做法

1. 牛肉切块状,加入蛋清、淀粉、酱油、嫩肉粉抓匀,腌制5分钟。
2. 老豆腐切小块;洋葱及姜切末;青蒜切片,备用。
3. 热油锅至180℃,放入老豆腐块炸至外观呈金黄色,捞出沥油。
4. 另取锅烧热,倒入约2大匙油,放入牛肉块,以大火快炒约30秒钟,至其表面变白,捞出备用。
5. 锅中留少许油,放入洋葱末、姜末及辣豆瓣酱,以小火爆香。
6. 续加入水、白糖、料酒及老豆腐,烧开后,再煮约30秒钟,加入牛肉块及青蒜片炒匀,再用水淀粉勾芡,淋上香油即可。

PART 3

滋补良品
羊肉佳肴篇

不少人因为羊的特殊腥膻味而对其避而远之。其实，只要用对烹调方法，搭配对辛香料，羊肉菜品非常美味可口。

羊肉部位与去腥材料

羊各部位肉品适合的烹饪方式

现在常食用的羊的品种有山羊、5~6个月的小羔羊等，不管哪一种羊，其肉没膻味的羊才是上选。不同部位的羊肉适合不同的烹饪方式，例如煮羊肉时，可用羊的大腿肉或是羊的上身肉；要爆炒的话，可选择羊里脊肉；要汆烫着吃，可选择羊五花肉。

● **上脑**

位于脖子后、肋条前，肉质细嫩，可切片、切条、切块。

● **肋条**

位于肋骨部位，肥瘦相间，肉质柔嫩，可切片、切条、切块。

● **外脊**

大梁骨外，亦名扁担肉，肉质细嫩，可切片、切丝。

● **里脊**

外脊后下端，肉质极嫩，是羊身上最好的一块肉，可切片、切丝。

● **小羊肩排**

亦称法式羊小排，即肩部排骨，一般用来烧烤。

● **胸口**

前胸部，肥多瘦少，适合切块做红烧，如羊腩煲。

● **腰窝**

腰部筋骨后面，肥瘦相间，宜切块。

● **磨档**

后腿上端，质松筋少，肥瘦相间，剔除筋络后，可切片、切丝，非常适合作烤肉。

● **肉腱子**

后腿上部肉，可切片、切丝。

● **羊小排**

又称背部排骨，最好是烤到全熟再吃，因为吃羊小排，重点是吃附在骨头边缘的韧带，要把韧带烤到大约剩下骨头的一半宽时再食用，这样才容易啃咬，避免浪费食物。

常用的去腥材料

● 桂皮

有健胃、活血、通血脉等功效，也可以去油脂、解燥热。

● 葱

若与高蛋白质食物一起烹调，能促进蛋白质分解和促进人体吸收，不论是被用作爆香的材料或是生吃，都能增加菜肴独特的香味。其中，以冬葱最为甘甜。

● 八角

又叫八角茴香或大茴香，是由八个角集聚而成的果实，具有甜味和刺激性的甘草味，可以理气止痛、温中散寒。

● 草果

味带辛辣，可减少肉腥味，主产于广东。可辅助治疗胃寒湿、胃酸过多、消化不良等症状。

● 花椒

有温中散寒、止泻、暖胃消滞的作用，用在菜肴中可防止肉质滋生病菌。

● 姜

姜有很多作用，除了可以促进血液循环、预防感冒外，和鱼、肉等生冷食物一起烹调时，还能杀菌解毒、去除腥味。

羊肉去腥方式

涮羊皮去腥方式

材料

羊肉　　　600克

做法

❶ 取锅，用大火将锅烧热1~2分钟，将羊肉放入(羊皮面朝下)，用锅铲用力压羊肉，至羊肉皮呈金黄焦黑状，即可取出。

❷ 再将羊肉浸入冷水中约10分钟，取出沥干，备用。

❸ 再用刀面刮掉羊肉焦黑部分即可。

炒麻油去腥方式

材料

切块羊肉　　600克

胡麻油　　　50毫升

老姜　　　　75克

做法

❶ 将老姜切片，备用。

❷ 取锅，开中火，放入姜片及胡麻油爆香，炒约2分钟，至姜片呈焦黑状。

❸ 再将切块的羊肉放入锅中翻炒，至羊肉五成熟时即可捞起。

炸羊肉去腥方式

材料
切块羊肉600克，色拉油300毫升

做法
取一锅，倒入300毫升的色拉油，开中火，等油温约为160℃时，将切块羊肉放入，过油1分钟即可捞起，并沥油。

汆烫羊肉去腥方式

材料
切块羊肉600克，水300毫升，料酒25毫升

做法
取一锅，加入300毫升的水及切块羊肉，等水沸腾后，加入料酒，约1分钟后即可熄火，捞起。

连锅羊肉炉

🥩 材料

羊腩	600克
葱	30克
老姜	150克
辣椒	3.5个
大蒜	50克
白萝卜	1/2根
胡萝卜	1/2根
甘蔗	250克
菠菜	150克
冻豆腐	2块
香菜	少许
蒜薹	5克
水	600毫升

🧂 调料

酱油	4大匙
糖	1.5小匙
料酒	30毫升
色拉油	20毫升
蚝油	1大匙
白胡椒粉	1/2小匙
高汤	80毫升
水淀粉	2大匙
花椒	5克
八角	5克
桂枝	5克
陈皮	10克

🍲 做法

1. 按照涮羊皮去腥方式处理羊腩。

2. 葱切6厘米小段；老姜切片；辣椒、大蒜、香菜、蒜薹均切末；胡萝卜及白萝卜去皮切小块；菠菜洗净，切段；取一深锅，加入所有药材及葱、老姜、3个辣椒、30克大蒜、白萝卜、胡萝卜、甘蔗、羊腩，再加入3大匙酱油、1小匙糖、300毫升料酒、600毫升水，以大火烧开，再转小火慢炖约1.5小时，即可捞出羊腩，并切片排入碗中。

3. 另取一大碗，将菠菜、冻豆腐平铺于碗底，再扣上羊腩，备用(将整碗的羊腩，碗口朝下慢慢倒入，平铺于菠菜、冻豆腐上)。

4. 另起一锅，锅烧热后，倒入20毫升色拉油，加入1/2个辣椒、20克大蒜爆香，再加入1大匙酱油、1/2小匙糖、15毫升料酒、蚝油、白胡椒粉、高汤烧开后，倒入水淀粉略为勾芡后，淋在羊腩上，最后撒上香菜末、蒜末即可。

十全大补羊肉炉

材料
羊腩600克，老姜75克，葱20克，水600毫升

调料
盐1小匙，糖1/2小匙，料酒5大匙，
黄豆瓣酱2大匙，色拉油10毫升

药材
当归、枸杞、山药、人参须、杜仲、川芎各5克，
熟地2.5克，金线莲、红枣各10克

做法
1. 老姜洗净切小片；葱切小段，备用。
2. 羊腩洗净，切成小块状，放入沸水中汆烫
   2~3分钟，即可取出备用。
3. 取一锅，将锅烧热后，倒入10毫升的色拉
   油，加入葱段和姜片爆香，再加入600毫升
   的水及所有药材、调料及羊腩，先用大火
   烧开后，再转小火慢炖1小时即可。

香芹羊肉锅

材料
羊腩600克，红枣5颗，老姜75克，红辣椒1个，
芹菜75克，大白菜250克，大蒜352克，
香菜少许，水350毫升

调料
盐1小匙，糖、白胡椒粉各1/2小匙，料酒1大匙，
色拉油20毫升

做法
1. 老姜切片；辣椒切小片；芹菜切5厘米长
   段；大白菜洗净、切大块，备用。
2. 羊腩洗净，切小块状，放入沸水中汆烫
   2~3分钟后，即可捞出备用。
3. 取一锅，将锅烧热，倒入20毫升的色拉
   油，加入姜片、红辣椒片、芹菜和大蒜爆
   香，再加入红枣、羊腩块、所有调料及350
   毫升的水，以大火烧开后，转小火炖煮1小
   时，再加入大白菜煮约10分钟后熄火，最
   后撒上香菜即可。

萝卜炖羊肉

材料
羊腩300克，白萝卜200克，姜片20克，
水800毫升

调料
八角3粒，桂皮1小根，花椒粒1茶匙，
盐1/2茶匙，料酒2茶匙

做法

① 羊腩放入沸水中汆烫约5分钟，捞出洗净切块，备用。

② 白萝卜去皮，切滚刀块，放入沸水中汆烫，备用。

③ 取一汤锅，放入羊肉块、白萝卜块，再加入姜片、八角、桂皮、花椒粒及调料，用小火炖煮约1小时即可（盛碗后，可撒上芹叶末）。

木瓜炖羊肉

材料
带皮羊肉800克，青木瓜200克，葱段适量，
胡萝卜100克，冬瓜60克，姜片20克，
水1000毫升

调料
料酒50毫升，盐1茶匙

做法

① 羊肉切小块；青木瓜去皮、去籽、切小块；胡萝卜去皮、切小块，备用；冬瓜去皮，切小块，备用。

② 取一锅，加入适量水，加入羊肉块烧开后，再煮约2分钟后取出，以冷水洗净沥干，备用。

③ 将处理好的羊肉放入电锅内锅中，再加入青木瓜、胡萝卜块、冬瓜块、水、料酒及葱段，外锅加2杯水，盖上锅盖，按下开关。

④ 待开关跳起，外锅再加1杯水，煮至开关再次跳起，再焖20分钟后，加入盐调味即可。

美味秘诀

　加甘蔗最主要的目的是去羊肉的腥味。

红烧羊肉炉

材料

羊腩	600克
白萝卜	1/2根
胡萝卜	1/2根
葱	20克
老姜	75克
红辣椒	3个
大蒜	40克
甘蔗	120克
香菜	少许
水	600毫升

调料

胡麻油	1大匙
酱油	1大匙
料酒	1大匙
黄豆酱	1小匙
黑豆酱	1小匙
冰糖	1大匙
甘草	5克
陈皮	10克
丁香	5克
罗汉果	1/2颗
花椒	10克
八角	5克
香叶	5片
色拉油	70毫升

做法

❶ 白萝卜及胡萝卜洗净、去皮、切小块；葱切10厘米小段；老姜切片；红辣椒切片；羊腩肉洗净沥干，切成小块状；取锅倒入60毫升的色拉油，将油烧热至120℃，加入羊腩肉炸约2分钟，捞起沥干油，备用；另起一锅，锅烧热后，倒入10毫升的色拉油，加入大蒜及葱段、姜片、红辣椒片爆香。

❷ 再加入所有调料略为翻炒。

❸ 再依序加入羊腩肉及胡萝卜、白萝卜。

❹ 一同翻炒约1分钟。

❺ 再加入水及甘蔗，盖上锅盖，开小火焖煮约1.5小时，至羊腩肉质变软。最后撒上香菜即可。

山药麻油羊肉

材料
羊肉600克，山药400克，老姜120克，胡麻油2大匙，水350毫升

调料
盐1小匙，糖1/2小匙，料酒30毫升，枸杞15克，当归5克

做法
❶ 羊肉洗净切小块；山药去皮切小块；老姜切片，备用。

❷ 取锅烧热，倒入胡麻油后，再加入羊肉块、山药块、姜片和所有调料、药材及350毫升的水，炖煮至水烧开、羊肉熟软即可。

姜丝羊肉汤

材料
羊肉片300克，嫩姜丝50克，水500毫升

调料
胡麻油80毫升，料酒10毫升，鸡精2小匙，白糖1/2小匙

做法
❶ 取一炒锅，倒入胡麻油烧热，放入嫩姜丝，以小火爆香嫩姜丝。

❷ 再向锅中加入羊肉片，炒至羊肉片颜色变白，再加入料酒、水，以中火烧开。

❸ 最后加入鸡精、白糖炒匀调味即可。

柿饼煲羊肉

材料
带皮羊肉800克，柿饼2块，姜丝20克，葱段30克，水800毫升

调料
黄酒50毫升，盐1茶匙

做法
1. 羊肉切小块；柿饼摘掉蒂头、切小块，备用。
2. 取一锅，加适量水，再放入羊肉块烧开后，再煮约2分钟后取出羊肉块，以冷水洗净沥干，备用。
3. 将处理好的羊肉块放入电锅内锅中，再加入柿饼、适量水、黄酒、葱段及姜丝，外锅加2杯水，盖上锅盖，按下开关。
4. 待开关跳起，外锅再加1杯水，煮至开关再次跳起，再焖20分钟后，加入盐调味即可。

羊肉酸菜炒粉丝

材料
羊肉片150克，酸菜80克，粉丝1把，姜末1/2茶匙，淀粉1茶匙，水300毫升

调料
盐1/2茶匙，糖1/4茶匙，色拉油2茶匙

做法
1. 酸菜洗净切丝；粉丝泡水至软、切小段，备用。
2. 羊肉片加入淀粉拌匀，备用。
3. 热锅，加入2茶匙色拉油润锅，放入羊肉片，以大火炒至肉色变白后盛出，备用。
4. 锅中留少许油，放入姜末、酸菜，以小火炒约2分钟，再放入羊肉片、粉丝、所有调料，以小火焖煮约5分钟即可。

菠菜炒羊肉

材料
羊肉片、菠菜各150克，姜丝10克

调料
盐1/4茶匙，色拉油1大匙

腌料
料酒、酱油、淀粉各1茶匙，糖1/2茶匙，
色拉油2茶匙

做法
❶ 菠菜洗净，切5厘米段状，沥干备用。
❷ 羊肉片加入腌料中（除色拉油外）拌匀，再加入色拉油拌匀，备用。
❸ 热锅，加入1大匙色拉油润锅，放入腌好的羊肉片，以大火炒至肉色变白后盛出，备用。
❹ 锅中留少许油，放入姜丝与菠菜段，以中火炒至软，再放入羊肉片及盐，以大火快炒均匀即可。

沙茶炒羊肉

材料
羊肉片150克，空心菜100克，姜丝少许，
红辣椒丝10克，蒜末1/2茶匙

调料
盐1/2茶匙，沙茶酱2茶匙，色拉油适量

腌料
酱油、淀粉、沙茶酱各1茶匙

做法
❶ 将羊肉片加入所有腌料中抓匀，备用。
❷ 空心菜洗净沥干，切段备用。
❸ 热锅，加入适量色拉油，放入羊肉片，以大火快炒至肉色变白后盛出，备用。
❹ 锅中留少许油，放入姜丝、红辣椒丝、蒜末爆香，再放入空心菜段，以大火快炒约30秒钟，续加入羊肉片及所有调料，快炒均匀即可。

姜丝麻油羊肉片

 材料
羊肉片150克，姜60克，罗勒适量

调料
胡麻油、料酒各2大匙，酱油1大匙

做法
① 姜切丝；罗勒摘除老梗，备用。
② 热锅，倒入胡麻油，放入姜丝爆香。
③ 放入羊肉片及其余调料炒熟，再加入罗勒拌匀即可。

美味秘诀 麻油要使用胡麻油才对味。姜丝一定要爆过才香，老姜较辣，但风味较浓；嫩姜则不会那么呛辣，可依个人喜好选择。

三羊开泰

材料
羊肉片250克，蘑菇80克，洋葱20克，胡萝卜20克，大蒜2瓣，葱10克

调料
酱油、料酒各1大匙，陈醋1小匙，香油适量，油2大匙

腌料
料酒、淀粉各1小匙，盐少许

做法
① 羊肉片加入所有腌料腌约10分钟后，放入热油锅中过油，捞起备用。
② 洋葱、胡萝卜均去皮洗净切片；蘑菇切片，与胡萝卜片一起放入沸水中汆烫；蒜切片；葱切段，备用。
③ 热锅，倒入2大匙油烧热，放入蒜片、洋葱片、葱段爆香，放入蘑菇片略炒，再加入羊肉片、胡萝卜片和所有调料（除香油外）翻炒均匀，最后淋上香油即可。

辣炒羊肉空心菜

材料
空心菜250克，羊肉片100克，
姜末、蒜末、辣椒片各10克

调料
辣椒酱、料酒各1大匙，油适量，
鸡精、盐各少许

做法
① 空心菜洗净、切段，备用。

② 热锅，倒入适量油，放入姜末、蒜末、辣椒片爆香，再加入羊肉片炒至变色，加入辣椒酱炒匀后，取出羊肉片备用。

③ 另取锅，加少量油，先向锅中加入空心菜梗，炒至颜色变翠绿后，再加入空心菜叶、羊肉片炒匀，最后加入剩余调料翻炒入味即可。

羊肉炒青辣椒

材料
羊肉片1盒，青辣椒150克，红辣椒1个，
豆豉1小匙，大蒜10克，鸡高汤2大匙

调料
盐少许，糖1/2小匙，料酒1大匙，香油适量，
油1大匙

腌料
酱油少许，料酒、淀粉各1小匙

做法
① 羊肉片加入所有腌料中抓匀，略腌备用。

② 豆豉洗净泡水；大蒜切碎；青辣椒切段；红辣椒切片，备用。

③ 热锅，加入1大匙油烧热，放入豆豉、大蒜末爆香后，再放入羊肉片炒香，加入青辣椒段、红辣椒片、盐、糖、鸡高汤，以大火炒至羊肉全熟，最后淋上香油即可。

金针菇炒羊肉

材料
羊肉片120克，金针菇30克，
红甜椒、青椒、姜各20克

调料
盐1小匙，糖1/2小匙，料酒、香油各1大匙，
油适量

做法
1. 金针菇分切成小把；红甜椒、青椒、姜均切丝，备用。
2. 热锅，倒入适量油，放入姜丝爆香，再放入红甜椒丝、青椒丝炒匀。
3. 再向锅中加入金针菇、羊肉片及所有调料炒熟即可。

羊肉炒茄子

材料
圆茄350克，羊肉片100克，姜末1克，
蒜末、红辣椒片各10克，罗勒适量

调料
糖1/4小匙，水2大匙，鱼露、辣椒酱各1大匙，
鸡精少许，料酒1/2大匙

做法
1. 圆茄洗净后切圆片；热油锅，倒入较多的油，待油温烧热至160℃，放入茄子片炸至微软，取出沥油，备用。
2. 锅中留少许油，放入蒜末、姜末及红辣椒片爆香，再放入羊肉片炒至变色。
3. 最后加入茄片、罗勒、所有调料翻炒入味即可。

三杯羊肉

材料
羊肉片200克，罗勒30克，大蒜10瓣，红辣椒2个，去皮老姜50克，胡麻油2大匙，淀粉1茶匙

调料
料酒3大匙，酱油2大匙，糖1大匙

做法
1. 羊肉片加入淀粉抓匀，备用。
2. 老姜切片；大蒜切去两端；罗勒摘去老梗、洗净；红辣椒切段，备用。
3. 热锅，放入胡麻油和姜片、大蒜片，以小火炒呈金黄后盛出，备用。
4. 锅中留少许油，放入羊肉片，以大火炒至肉色变白后盛出，备用。
5. 锅中留少许油，加入所有调料及炒好的姜片、大蒜片，加入淀粉以小火炒至汤汁浓稠后，放入炒好的羊肉片、红辣椒段、罗勒，以大火快速炒匀即可。

塔香羊肉

材料
羊肉片400克，葱20克，姜2片，大蒜2瓣，红辣椒1个，罗勒适量

调料
蚝油、酱油、料酒各1大匙，糖、陈醋各1小匙，油适量

腌料
料酒、酱油、淀粉各1小匙

做法
1. 羊肉片用所有腌料拌匀，腌约5分钟，备用。
2. 葱、姜、大蒜分别切末；红辣椒切片；将所有调料混合均匀成调味汁，备用。
3. 热锅，倒入适量油烧热，放入葱末、姜末、蒜末、红辣椒片爆香后，加入羊肉片炒散，再加入调味汁炒匀，最后放入罗勒快炒数下即可。

宫保羊排

🍲 材料

羊小排	400克
洋葱	30克
干辣椒	4个
花生碎	50克
姜末	25克
蒜末	25克

🍶 调料

淀粉	1茶匙
糖	3/4茶匙
黄酒	1大匙
鸡蛋	1/2个
酱油	2茶匙
味精	1/4茶匙
水淀粉	1/4茶匙
白醋	1/2茶匙
花椒	10粒
色拉油	30毫升

🍳 做法

❶ 羊小排与1茶匙酱油、1/4茶匙糖、黄酒、淀粉、鸡蛋混合均匀，腌制约1小时；干辣椒、洋葱切末，备用。

❷ 热锅，倒入色拉油烧热，转中火，放入腌好的羊小排，两面煎熟后，置于盘中。

❸ 锅中留少许油，放入干辣椒末、花椒、洋葱末，转中火快炒约3分钟后，加入姜末、蒜末一起炒匀。

❹ 再将剩余调料（除水淀粉外）加入锅中炒匀，倒入水淀粉勾薄欠后，起锅，淋于煎好的羊小排上，最后撒上花生碎即可。

红糟羊肉

🍖 材料

羊肉块	600克
姜片	40克
水	50毫升
胡麻油	2大匙
汆烫好的菠菜	适量

🧂 调料

料酒	2大匙
白糖	1小匙
红糟酱	60克

📋 做法

1. 羊肉块洗净，沥干；再将羊肉块放入沸水中迅速汆烫一下，捞起备用。
2. 取锅烧热，放入2大匙胡麻油，放入姜片爆香。
3. 接着放入羊肉块炒3分钟。
4. 再加入所有调料翻炒均匀。
5. 最后加入水烧开后；再倒入电饭锅内锅中，外锅加2杯水，待开关跳起，焖5分钟，外锅再加2杯水，煮至开关再次跳起，再拌入汆烫好的菠菜即可。

> **美味秘诀**　　羊肉性温，能补中益气，是温补的良品，所以，多吃羊肉可改善虚劳寒冷等症状。再添加天然的红曲菌，其能抗氧化抗疲劳。羊肉和红曲菌搭配食用，非常符合现代人的养生理念。

西芹炒羊排

材料
羊排3块，西芹100克，胡萝卜20克，
洋葱30克，大蒜10克，红辣椒1个

调料
盐、糖、黑胡椒粉各1小匙，酱油1大匙

腌料
西芹、胡萝卜各10克，洋葱1/3个，水600毫升

做法
1. 腌料中的西芹、胡萝卜和洋葱均切小丁；再将羊排放入腌料中腌约20分钟，备用。
2. 将材料中的西芹切片；胡萝卜和洋葱均切丝；大蒜和红辣椒均切片，备用。
3. 先将羊排用油煎过，再将所有蔬菜加入一起翻炒。
4. 最后再加入所有调料一起炒匀即可。

咖喱羊肉

材料
羊肉片适量，洋葱30克，大蒜2瓣，
红辣椒1个，玉米笋、西蓝花各60克

调料
咖喱粉1大匙，郁金香粉、酱油各少许，
盐1/2小匙，糖1/3小匙，水1/2杯，油1大匙

腌料
酱油、淀粉各少许，料酒1小匙

做法
1. 羊肉片加入所有腌料中抓匀，略腌备用。
2. 洋葱去皮洗净、切块；大蒜、红辣椒均切末；玉米笋、西蓝花均洗净，玉米笋切段，西蓝花切成小朵，放入沸水中余烫熟备用。
3. 热锅，加入1大匙油烧热，先放入洋葱块、蒜末、红辣椒末爆香，再加入咖喱粉、郁金香粉炒香，续放入羊肉片炒散，再加入其余调料煮开，最后加入玉米笋及西蓝花炒匀即可。

西红柿炒羊肉

材料
羊肉片150克，西红柿1个，洋葱30克，
荷兰豆5个，姜末1/2茶匙

调料
盐1/2茶匙，糖1茶匙，蚝油、番茄酱各2茶匙，
水1/2碗，水淀粉适量，淀粉1茶匙，色拉油2茶匙

做法
1. 西红柿切块；洋葱切片；荷兰豆摘除老梗，
   备用。
2. 羊肉片加入淀粉中拌匀，备用。
3. 热锅，加入2茶匙色拉油润锅，再放入羊肉
   片，以大火炒至肉色变白后盛出，备用。
4. 锅中留少许油，放入姜末、西红柿块、洋葱
   片炒匀，再加入所有调料（除水淀粉外）及
   适量水、羊肉片、荷兰豆，以中火炒约2分
   钟，起锅前加水淀粉勾芡炒匀即可。

香煎羊小排

材料
羊小排300克，生菜2片

调料
黑胡椒酱1大匙，蒜末1小匙，油2大匙

腌料
料酒3大匙

做法
1. 将所有调料混匀，入锅略炒，即成蒜味黑胡
   椒酱，备用。
2. 羊小排加入料酒中腌10分钟；生菜洗净，铺
   于盘底，备用。
3. 取锅烧热后，倒入2大匙油，将腌好的羊小排
   下锅煎熟捞起，放入生菜盘中，再均匀淋上
   蒜味黑胡椒酱即可。

烤羊肉串

🥘 **材料**
羊肉片适量

🫙 **调料**
酱油、糖各1/2小匙，料酒1小匙，
盐、孜然粉、辣椒粉各少许

📋 **做法**
❶ 羊肉片加入所有调料（除孜然粉、辣椒粉外）
   拌匀，腌约5分钟后，用竹签串起，备用。
❷ 将羊肉串放入烤箱中，以180℃烤约5分钟
   至熟。
❸ 将烤熟的羊肉串取出，撒上孜然粉、辣椒粉
   调味即可。

孜然烤羊肉串

🥘 **材料**
羊腿肉200克，红甜椒、黄甜椒各1/2个，
洋葱30克，鲜香菇6朵

🫙 **调料**
孜然粉、红椒粉各适量，盐少许

🫙 **腌料**
酱油、料酒各1茶匙，糖1/2茶匙，味啉1大匙

📋 **做法**
❶ 羊腿肉切小块，加入所有腌料中拌匀，腌
   制约1小时，备用。
❷ 剩余材料均切适当大小的块状，备用。
❸ 用竹签将羊肉块及其余材料串起，备用。
❹ 放在炭火上，以小火烤熟后，撒上孜然粉、
   红椒粉、盐即可。

美味秘诀　　此道烹饪也能用烤箱操作，放入
180℃烤箱中烤约10分钟即可。

麻辣羊肉

🥩 材料

羊腩	400克
菠菜段	100克
白萝卜	80克
木耳片	20克
姜片	20克
腐皮	5张
干辣椒	2个
水	800毫升

🫙 调料

辣豆瓣酱	1大匙
蚝油	1大匙
盐	1/4茶匙
糖	1/4茶匙
花椒粒	1茶匙
草果	1颗
八角	3粒
桂皮	1小根
色拉油	2大匙

📋 做法

❶ 羊腩放入沸水中氽烫约5分钟，捞出洗净、切块，备用；腐皮提前泡好，切片。

❷ 白萝卜去皮，切滚刀块。

❸ 热锅，加入2大匙色拉油，放入姜片、干辣椒、花椒粒、辣豆瓣酱，以小火炒约2分钟，再加入羊肉略炒。

❹ 向锅中加入其余调料，接着放入白萝卜块，以小火煮约30分钟，再捞出草果、八角、桂皮，续加入木耳片、腐皮、菠菜段，烧开即可。

PART 4

鲜嫩多汁
鸡肉佳肴篇

鸡肉含丰富的蛋白质，又易被人体消化吸收，所以常常被当做炖补养生的食材。本章将介绍几道既简单又易学的热门鸡肉烹饪法。

鸡肉部位与品种挑选

鸡各部位肉品适合的烹饪方式

一只鸡，从头到脚、从里到外，全都可以被烹调成美味佳肴。鸡肉佳肴不仅是因为不同部位的口味不同，蒸、煮、炒、炸、烤、卤等不同的烹调方式也会使鸡肉味道各异。

● 鸡爪

鸡爪含有胶质成分。常被用来做卤味菜品或煮汤，或作为重要汤冻原料。

● 鸡翅

鸡翅肉质虽然少，但是皮富含胶质而油脂少，多吃鸡翅，可以让皮肤更有弹性。

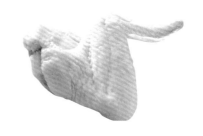

● 鸡胸肉

鸡胸肉在国外被认为是纯正的白肉，其脂肪含量低，且富有优良的蛋白质。鸡胸肉的肌肉纤维较长，口感较涩，油炸时别炸太久，以免炸出来的口感过硬。鸡胸肉还用来做鸡丝色拉或凉拌菜。

● 全鸡腿

鸡大腿上方，包含连接鸡身的鸡腿排部分，其肉质细嫩多汁，适合各种烹饪法。鸡腿去骨可做鸡腿排，肉鸡可做炸鸡腿或卤鸡腿。通常快餐店的鸡腿饭，都是用的肉鸡鸡腿。

● 鸡柳

鸡柳是指鸡胸肉中间较嫩的一块组织，分量较少，较为珍贵。其口感鲜嫩多汁，为烧烤中的极品；也可用来做炒鸡柳。

● 鸡腿

即鸡的腿部，因为是运动较多的部位，所以肉质与鸡腿排相比，较有嚼劲。鸡腿适合做成各类佳肴，炸鸡腿或卤鸡腿都相当美味。

各品种鸡的烹饪特点

市面上的鸡大致上可分为：肉鸡、土鸡、仿土鸡、乌骨鸡、散养鸡，还有负责生鸡蛋的蛋鸡。不同的鸡种会因为饲养的时间与方式不同，肉质也有鲜嫩、软、硬、老的差别，会影响菜的口感。所以，应根据其肉质特点，选择适合的烹饪方式。

● 肉鸡（约重2斤）

肉鸡饲养时间短，鸡肉中水分含量较高，蛋白质含量少，肌肉组织较为松散，具有肉质细嫩的特点。肉鸡不适合久炖，否则肉质会太烂，而且肉鸡的脂肪含量较多，一经炖煮之后，汤水表面会浮现出一层油脂，所以肉鸡最适合的烹饪方式就是油炸、烧烤或切丁热炒。

● 土鸡（约重1.9斤）

所谓的土鸡并不是指品种，而只是养鸡场、卖家与消费者对鸡的习惯称呼。它通常具有大而直立的单冠、金黄至红色或其他花色的羽毛、铅色的脚胫。它具有体型较小、肉质有嚼劲、皮薄骨细的特点。

● 仿土鸡（重2.5～3.5斤）

肉质近似土鸡，但它的肉质较为紧实，纤维也较粗，吃起来很有咬劲，因此，仿土鸡很适合用来炖煮或蒸煮，肉质可以久炖不烂且保持良好的口感。

● 乌骨鸡（重2.5～3斤）

真正的乌骨鸡，从鸡皮、鸡肉到鸡骨头都是黑的。自古以来人们都相信它有极佳的滋补与食疗效果，而且乌骨鸡不容易饲养，产量也有限，所以价值不菲，假货也多。作为冬令进补的食材之一，乌骨鸡一直很受欢迎。

● 散养鸡（约重2.5斤）

散养鸡多饲养于山坡地、果林间，肉质较为紧实、富有弹性。这类鸡需放养，所以生产成本高，但肉质较佳，通常售价也较高。

鸡肉处理的技巧

技巧 1
全鸡分切法

买回一只整鸡，却不知道该如何将鸡分解？首先将鸡头和鸡爪切下来，再把背部剖开，然后切下鸡翅和鸡腿，其余的鸡肉把它切成块状就可以了。

技巧 2
鸡肉分切法

鸡肉的肉质细嫩，所以在切鸡肉的时候，必须顺着纹路来切，这样鸡肉经加热烹调后，不论是肉条或是肉丝，都不会呈现出卷缩状而影响口感。

技巧 3
鸡胸去骨法

先将带骨鸡胸肉用刀子切出需要的分量，再将鸡胸里头的骨头划开、取出即可。去除带筋的部位可使肉质的口感更细腻。

技巧 4
鸡翅去骨法

通常将鸡翅去掉骨头，大都是为了填塞馅料在里面。所以须先将鸡翅底部的鸡肉用刀子切开，再将鸡皮往外并向后翻转，这时候就会看见一小节的骨头，用刀子将它切下来取出即可。

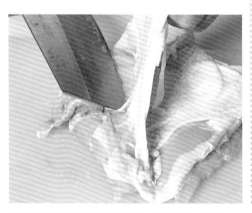

技巧 5
鸡腿去骨法

如果想将整只鸡腿里的骨头剔除，可以先切除胸骨的部分，再顺延着骨边内侧、外侧划开后，就会看见整支腿骨，这时候再将腿骨的底端敲断，便可轻松拿出鸡腿里的骨头。

宫保鸡丁

🍖 材料

鸡胸肉	120克
大蒜	15克
葱	10克
干辣椒	10克
蒜味花生	10克

🧂 调料

酱油	1大匙
料酒	1大匙
花椒	少许
水	1大匙
白醋	1茶匙
水淀粉	1茶匙
白糖	1大匙
香油	1茶匙
油	适量

🧂 腌料

酱油	1茶匙
淀粉	1大匙

📋 做法

1. 鸡胸肉去骨、去皮、切丁，放入腌料中腌10分钟；葱切段；大蒜拍扁切片；干辣椒切段，备用。

2. 取锅，烧热后倒入适量油，放入鸡胸肉丁炸熟捞起。

3. 锅中留少许油，放入葱段、蒜片、干辣椒段与花椒炒香，再加入炸好的鸡胸肉丁与所有调料（除香油外）翻炒均匀，起锅前放入蒜味花生、淋上香油炒匀即可。

三杯鸡

材料
土鸡	1/4只
老姜	100克
大蒜	40克
罗勒	50克
红辣椒	1/2个

调料
胡麻油	2大匙
料酒	5大匙
酱油	3大匙
糖	1.5大匙
鸡精	1/4茶匙
色拉油	1/2碗

腌料
盐	1/4茶匙
酱油	1茶匙
糖	1/2茶匙
淀粉	1茶匙

做法
1. 土鸡切小块，洗净沥干，加入所有腌料中拌匀；老姜去皮，切0.3厘米片状；大蒜去皮，切去两头；罗勒挑去老梗，洗净；红辣椒对剖，切片；热锅，加入1/2碗色拉油，放入姜片及大蒜，分别炸至金黄后盛出，备用。

2. 锅中留少许油，以中火将鸡块煎至两面金黄后，盛出沥油，备用。

3. 另热锅，放入胡麻油，加入炸好的姜片、大蒜，以小火略炒香。

4. 再加入其余调料及煎好的鸡块翻炒均匀；转小火，盖上锅盖，每2.5分钟开盖翻炒一次，炒至汤汁收干。

5. 起锅前，再加入罗勒、红辣椒片，炒至罗勒略软即可（盛盘后可另加入新鲜罗勒装饰）。

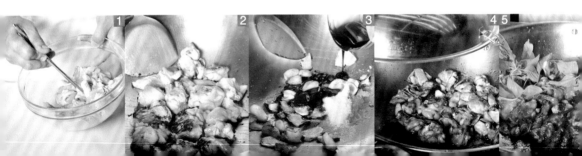

糖醋鸡丁

材料
鸡胸肉2块，洋葱1/2颗，葱20克，大蒜10克

调料
白醋、白糖各1大匙，番茄酱2大匙，料酒3大匙，
香油1小匙，淀粉50克，色拉油1大匙

腌料
酱油3大匙，太白粉、五香粉各少许

做法
1. 鸡胸肉切成块状，放入混匀的腌料中腌制
   30分钟后，沾上淀粉，备用。
2. 将洋葱切丝；葱切段；大蒜拍扁，备用。
3. 加热油锅，温度约190℃时，放入沾有淀粉的
   鸡块油炸，上色后捞起备用。
4. 另取一炒锅，加入1大匙色拉油，加入洋葱
   丝、葱段、大蒜爆香，再放入炸鸡块和其余
   调料，以中火翻炒至鸡块软烂即可。

酱爆鸡丁

材料
去皮鸡胸肉150克，青椒15克，洋葱30克，
竹笋50克，红辣椒1/2个，蒜末1/2茶匙

调料
甜面酱、糖各1茶匙，水1大匙，酱油1/2茶匙，
色拉油2大匙

腌料
盐1/4茶匙，料酒1/2茶匙，淀粉1茶匙

做法
1. 青椒、洋葱、竹笋和红辣椒均切片，备用。
2. 去皮鸡胸肉切丁，加入所有腌料中拌匀，
   备用。
3. 热锅，加入2大匙色拉油烧热，放入鸡丁，
   以大火炒至肉色变白后盛出，备用。
4. 再向锅中放入蒜末、青椒片、洋葱片、竹笋
   片、红辣椒片，以小火略炒香，再加入所有
   调料，以小火炒至汤汁略收，接着放入鸡
   丁，以大火快炒至汤汁收干即可。

海南鸡

材料
去骨鸡腿肉 300克
葱丝　　　少许
红辣椒　　1个
圆白菜丝　适量
水　　　　600毫升

调料
料酒　　　10毫升
盐　　　　少许
白胡椒粉　少许
丁香　　　2粒
新鲜香茅　1根
八角　　　1粒
鱼露　　　2大匙

做法
1 将去骨鸡腿肉放入沸水中汆烫去血水；红辣椒切丝，备用。
2 将所有调料混合烧开，再放入去骨鸡腿肉，煮15分钟后，关火焖25分钟，并滤出汤汁。
3 将煮好的鸡腿肉捞起切片，摆在铺有圆白菜丝的盘上，再淋上少许过滤的汤汁。
4 最后再摆上葱丝与红辣椒丝装饰即可。

美味秘诀　　海南鸡是南洋的特色菜肴，带有香茅鱼露的特殊香气。海南鸡要做得又香又嫩，要点是不要把鸡肉浸在酱汁里煮到全熟，要关火用余温泡熟，这样鸡肉的嫩度才会合适。

黑胡椒铁板鸡柳

材料
鸡柳150克，洋葱30克，大蒜15克，
红辣椒1个，西蓝花2小朵，玉米1根

调料
鸡精、香油各1小匙，奶油1大匙，水淀粉少许

腌料
盐1小匙，黑胡椒粉、淀粉各1大匙

做法
1. 鸡柳洗净，放入混合的腌料中腌制20分钟，备用。
2. 将玉米切成小段状；洋葱切丝；大蒜、红辣椒均切片状；西蓝花烫熟，备用。
3. 热一个铁板，加入奶油1大匙，放入腌好的鸡柳，以中火翻炒均匀。
4. 续加入剩余材料和剩余调料，以中火翻炒均匀即可。

卤鸡腿

材料
鸡腿约500克，葱段10克，大蒜15克，
水1000毫升

调料
酱油20毫升，冰糖20克，盐少许，料酒2大匙，
八角2粒，月桂叶3片，白胡椒粒10克，
草果1颗，色拉油2大匙

做法
1. 鸡腿洗净，放入沸水中略汆烫，再捞出泡在冰水中。
2. 热锅，加入2大匙色拉油，放入葱段、大蒜爆香，再加入所有调料及1000毫升水烧开。
3. 向锅中放入汆烫好的鸡腿，以中火卤至入味即可。

芦笋鸡柳

材料
鸡肉条180克，芦笋150克，黄甜椒条60克，蒜末、姜末、红辣椒丝各10克

调料
盐1/4小匙，鸡精、糖各少许，色拉油适量

腌料
盐、淀粉各少许，料酒1小匙

做法
1. 芦笋切段，汆烫后捞起备用。
2. 鸡肉条加入所有腌料拌匀，备用。
3. 热锅，加入适量色拉油，放入蒜末、姜末、红辣椒丝爆香，再放入鸡肉条翻炒至颜色变白，接着放入芦笋段、黄甜椒条、所有调料，炒至入味即可。

花生炒鸡丁

材料
鸡胸肉1块，干辣椒2个，小黄瓜1根，豆干2块，洋葱、花生各30克，红辣椒1/2个，葱10克

调料
香油1大匙，盐、白胡椒粉、鸡精各1小匙

做法
1. 鸡胸肉切小丁，备用。
2. 豆干、小黄瓜和洋葱均洗净，切丁；红辣椒和葱均洗净，切碎末状，备用。
3. 将花生用菜刀切碎。
4. 取一炒锅，先将鸡肉丁炒香，再加入干辣椒爆香，然后加入豆干丁、小黄瓜丁、红辣椒末、葱末翻炒均匀。
5. 最后加入所有调料翻炒均匀即可。

美味秘诀 也许你会觉得用菜刀切花生好像很困难，其实慢慢来一点也不难，而且用菜刀切过的花生入锅炒后，吃起来更酥脆，也不易出油，口感好。

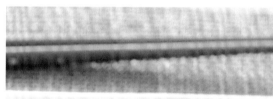

左宗棠鸡

🍖 材料
带骨鸡腿	400克
红辣椒	2个
葱	10克

🍶 调料
陈醋	少许
盐	少许
白胡椒粉	少许
色拉油	1大匙

🍶 腌料
大蒜	15克
姜末	20克
淀粉	2大匙
香油	1小匙
酱油	1小匙
鸡蛋	1个

📋 做法
1. 先将带骨鸡腿切成小块状；红辣椒切成小片；葱洗净，切段；大蒜切末，备用。
2. 将鸡腿肉块与所有腌料混合均匀，腌制约15分钟，备用。
3. 将腌制好的鸡腿块放入约180℃的油温中，炸至表面呈金黄色，再捞起沥油，备用。
4. 取一炒锅，先加入1大匙色拉油，再加入红辣椒片和葱段，以中火爆香；加入炸好的鸡腿块与所有调料，以中火翻炒至材料入味。
5. 熄火盛盘即可。

椒麻鸡

🍲 材料
去骨鸡腿　　400克

🍶 腌料
姜末	20克
葱末	5克
盐	1/4茶匙
五香粉	1/8茶匙
鸡蛋液	1大匙

🍯 调料
香菜末	1茶匙
蒜末	1/2茶匙
淀粉	1/2碗
红辣椒末	1/2茶匙
白醋	2茶匙
陈醋	2茶匙
糖	1大匙
酱油	1大匙
凉开水	1大匙
香油	1/2茶匙

📖 做法
① 将去骨鸡腿切去多余脂肪，加入所有腌料中拌匀，腌制约30分钟。
② 取出腌好的去骨鸡腿，均匀裹上淀粉，备用。
③ 热油锅，放入去骨鸡腿，以小火炸约4分钟，再转大火炸约1分钟，捞起沥油，切块置盘，备用。
④ 将其余调料及适量凉开水混合均匀，即成椒麻酱汁。
⑤ 将椒麻酱汁淋在炸鸡排上即可（亦可撒上适量香菜叶装饰）。

美味秘诀　　也可以直接买一块炸好的鸡排回家加工，淋上椒麻酱汁就是椒麻鸡了，既省时又简单。

盐水鸡

材料
鸡腿约400克，姜片5克，葱段20克，
大蒜15克，冷开水500毫升

调料
鸡精1大匙，盐3大匙，冰块适量

做法
1. 鸡腿洗净，放入沸水中快速汆烫过水，备用；大蒜切成片状，备用。
2. 取锅，加入可盖过鸡腿的水量，再放入汆烫好的鸡腿，加入姜片、葱段、蒜片，以中火将鸡腿煮熟。
3. 另取一锅，放入冷开水，放入盐与鸡精调匀，加入冰块冷却，再放入煮熟的鸡腿，浸泡约12小时以上至入味，食用前切片盛盘即可（若要美观，可另加入生菜叶装饰）。

口水鸡

材料
大鸡腿约500克，熟白芝麻、蒜花生各1茶匙，
香菜叶少许，姜末、蒜末、葱花各1/2茶匙

调料
凉开水3大匙，辣豆瓣酱、蚝油、白醋各1茶匙，
芝麻酱、花生酱、糖各1/2茶匙，
辣油、花椒粉各适量

做法
1. 大鸡腿洗净，放入沸水中，以小火煮约20分钟，再捞出放凉，备用。
2. 蒜花生碾碎，备用。
3. 所有调料与3大匙凉开水拌匀，再加入姜末、蒜末、葱花拌匀，即为口水鸡酱，备用。
4. 将鸡腿切块盛盘，淋上口水鸡酱，再撒上蒜花生碎、熟白芝麻、香菜叶即可。

美味秘诀 鸡肉在烹饪之前要先汆烫处理。可以一次汆烫备料，再分次烹饪，既省时又节约成本。

葱油鸡

🍖 材料
仿土鸡腿	400克
葱丝	30克
姜丝	20克
红辣椒丝	少许

🧂 调料
温开水	3大匙
盐	1.5茶匙
糖	1/4茶匙
蚝油	1茶匙

🍳 做法
1. 鸡腿汆烫后洗净，备用。
2. 取锅加适量水（水量没过鸡腿），再放入鸡腿，煮至水沸腾后转极小火，泡煮约15分钟，再盖上锅盖，续焖约10分钟后取出，立即将鸡腿泡入冰水中至完全变凉，再将其取出切块，盛盘备用。
3. 葱丝、姜丝、红辣椒丝混合，备用。
4. 将所有调料混合拌匀，淋在鸡腿上再倒出，如此重复数次，最后留少许调料在盘里。
5. 在鸡腿上摆入混合后的葱丝、姜丝、红辣椒丝，最后淋上2大匙烧热至冒烟的热油即可。

美味秘诀 可以买生鸡自己回家处理，能节省成本。煮完后的汤汁别倒掉，这可是鲜美的鸡汤，可以拿来煮汤、做菜、调味，很美味。

玫瑰油鸡

材料
全鸡1只，葱20克，姜30克，腌黄瓜少许，水适量（足够盖过全鸡）

调料
市售综合卤包1/3包，酱油、糖各3大匙，料酒2大匙

做法
1. 全鸡洗净；葱切段；姜切片，备用。
2. 取一锅，放入全鸡与姜片、葱段，再加入所有调料。
3. 以中火炖煮约20分钟，关火，盖上锅盖焖30分钟，取出全鸡放凉。
4. 将全鸡切片，搭配腌黄瓜装饰即可。

> **美味秘诀**　鸡肉一定要等凉了再切，这样鸡皮跟鸡肉才不会松散、碎裂。若不急着立刻食用，可将鸡肉先放进冰箱冷藏一会儿，鸡皮受到热胀冷缩的影响，会变得比较脆，这样切出的鸡肉也会比较好看。

绍兴醉鸡

材料
土鸡腿550克，铝箔纸1张，水200毫升

调料
当归3克，黄酒200毫升，枸杞5克，盐1/4小匙，鸡精1小匙

做法
1. 土鸡腿去骨后，在其内侧均匀撒上盐（分量外），再用铝箔纸卷成圆筒状，开口卷紧。
2. 电锅外锅倒入约1.5杯水，放入蒸架，将鸡腿卷放入电锅内锅中，盖上锅盖，按下开关，蒸至开关跳起，取出放凉。
3. 当归切小片，与剩余调料烧开约1分钟，放凉成汤汁，备用。
4. 将鸡腿撕去铝箔纸，浸泡在做好的汤汁中，冷藏一晚后切片即可食用。

咖喱鸡

材料
鸡腿肉400克，土豆200克，洋葱100克，大蒜10克，胡萝卜50克，水600毫升

调料
咖喱粉2大匙，盐、白胡椒粉各少许

做法
① 将鸡腿肉切成块状，再将鸡腿块放入沸水中快速汆烫过水，备用。

② 土豆去皮切小块状；胡萝卜切块；大蒜、洋葱均切片，备用。

③ 取一炒锅，先将咖喱粉以小火炒香，再加入鸡腿块、土豆块、大蒜片、洋葱片、胡萝卜块，最后加入所有调料一起炖煮至土豆软烂即可。

文昌鸡

材料
熟白斩鸡600克，葱、姜、大蒜各30克，辣椒20克，水200毫升，香菜10克

调料
盐、鸡精、糖各1小匙，白醋1大匙，香油2大匙

做法
① 将熟白斩鸡切小排状，摆盘备用。

② 将葱、姜、大蒜、辣椒、香菜均洗净切末，与所有调料一起煮匀，即为文昌酱。

③ 将文昌酱趁热淋在熟白斩鸡上，略腌制一下即可。

美味秘诀
整只鸡汆烫，不容易掌握其熟度，建议买熟的白斩鸡，回家后，直接切好摆盘，淋上调好的酱汁，热着吃、冷着吃，都非常美味。

花雕鸡

🥬 材料

仿土鸡	1/2只
洋葱	150克
大蒜	30克
干辣椒	5个
芹菜	30克
洋葱	30克
葱段	30克
黑木耳	50克
水	1碗

🧂 调料

辣豆瓣酱	1大匙
蚝油	1大匙
花雕酒	4大匙
芝麻酱	1/2茶匙
糖	1茶匙
鸡精	1茶匙
色拉油	2大匙

🧂 腌料

花雕酒	3大匙
酱油	2茶匙
盐	1/4茶匙
糖	1/4茶匙
淀粉	1茶匙

🍳 做法

❶ 仿土鸡切小块，加入所有腌料中拌匀，腌制约1小时，备用。

❷ 洋葱及大蒜切片；干辣椒切小段；洋葱切小片；芹菜切段；黑木耳切小片，备用。

❸ 热锅，放入2大匙色拉油，将鸡块煎至两面金黄后盛出，备用。

❹ 锅中留少许油，放入蒜片、洋葱片、干辣椒段，以小火炸至金黄色，再加入鸡块、所有调料（花雕酒只取3大匙）炒匀，转小火，盖上锅盖，焖煮约15分钟。

❺ 开盖，加入芹菜段、黑木耳片、葱段翻炒1分钟，再淋入1大匙花雕酒，炒匀后盛入小锅中即可。

传统手扒鸡

🍖 材料

全鸡	1只
葱	20克
姜	30克
大蒜	7瓣

🧂 调料

盐	2大匙
料酒	2大匙
酱油	1大匙
五香粉	1/2小匙

📋 做法

❶ 全鸡洗净、去毛、清除内脏，备用。

❷ 将所有调料（除料酒外）混匀，取适量抹匀在鸡身内部。

❸ 葱、姜拍碎，加入料酒拌匀，取适量抹在鸡身外，再将剩余葱、姜、大蒜塞入鸡身内，并加入2大匙混匀的调料于鸡身内，一同腌制浸泡。

❹ 将腌好的鸡放入已预热250℃的烤箱中，以上火150℃、下火100℃烤约90分钟后取出，食用时以手撕鸡肉即可。

辣子鸡丁

材料
鸡胸肉150克，青椒片30克，红辣椒1个，
大蒜15克

调料
辣椒酱、料酒各1大匙，水2大匙，色拉油适量，
白醋、糖、花椒粉、水淀粉各1小匙

腌料
盐1/2小匙，淀粉1大匙，香油1小匙

做法

① 鸡胸肉洗净切丁，加入腌料中抓匀，腌制约
10分钟，备用；红辣椒、大蒜均切片，备用。

② 将鸡肉丁放入140℃油锅内，炸熟至金黄后
捞起，沥油备用。

③ 热锅，加入适量色拉油，放入蒜片、红辣椒片
爆香，再加入青椒片炒香，接着加入炸好的
鸡肉丁、所有调料（除水淀粉外）及适量水快
炒均匀，起锅前加入水淀粉勾芡炒匀即可。

干葱豆豉鸡

材料
鸡腿肉500克，水80毫升，豆豉30克，
洋葱100克，油适量

调料
蚝油1大匙，糖1茶匙

腌料
酱油、料酒、淀粉各1茶匙，糖1/2茶匙

做法

① 鸡腿肉切小块，加入所有腌料拌匀；洋葱
去膜切块；豆豉洗净泡软，备用。

② 取锅，加入1/4锅油烧热，放入洋葱块，以
小火炸至金黄色捞出。

③ 锅中留适量油，放入腌好的鸡块，以小火炸5
分钟后捞出，将油沥干，并将锅中油倒出。

④ 重新热锅，加入适量油，放入炸好的洋葱
块略炒，再加入所有调料、豆豉与炸好的
鸡块，以小火煮15分钟即可。

白斩鸡

📋 材料

土鸡	1只（约1500克）
姜片	3片
葱段	10克
红辣椒末	少许
鸡汤	150毫升
（制作过程中生成）	

🫙 调料

料酒	1大匙

🫙 酱料

蚝油	50毫升
酱油	少许
糖	少许
香油	少许
蒜末	少许

🍳 做法

① 土鸡洗净、去毛、去内脏，沥干后放入沸水中汆烫，再捞出沥干。重复上述动作约三四次后，取出沥干，备用。

② 将处理好的鸡放入装有冰块的盆中，将整只鸡外皮冰镇冷却，再放回锅中，加入料酒、姜片及葱段，以中火煮约15分钟后熄火，盖上盖子，续焖约30分钟。

③ 取出150毫升的鸡汤，加入其余酱料调匀，即为白斩鸡酱。

④ 将焖熟的鸡肉取出，待凉后切块盛盘，食用时搭配白斩鸡酱即可。

奶酪鸡排

🍤 材料
鸡胸肉1块，火腿片、奶酪片各2片

🧂 调料
盐、胡椒粉各少许，面粉、鸡蛋液、面包粉各适量

🍳 做法
1. 鸡胸肉洗净、去骨，肉切开但不切断，备用。
2. 将鸡胸肉排摊开，均匀撒上少许盐、胡椒粉，再放上奶酪片、火腿片，包裹后将四边压紧。
3. 再依序裹上面粉、鸡蛋液、面包粉，放入油锅中，以中小火炸熟至上色，再转大火炸至金黄酥脆，捞出沥油即可。

椒盐炒鸡块

🍤 材料
沙茶鸡排1块，葱30克，大蒜20克，红辣椒1个

🧂 调料
胡椒盐1/8茶匙，色拉油1大匙

🍳 做法
1. 沙茶鸡排切小块，备用。
2. 葱洗净、切末；红辣椒洗净、切末；大蒜洗净、切碎，备用。
3. 热锅，加入1大匙色拉油，以小火爆香葱末、蒜末及红辣椒末，放入沙茶鸡排块，再撒上胡椒盐，以大火快炒约5秒钟，翻炒均匀即可。

土窑鸡

材料
土鸡肉500克，葱段、姜片各10克，当归1片，
山药3片，枸杞1小匙，铝箔袋1个

调料
盐1小匙，糖1/2小匙，料酒3大匙

做法

❶ 土鸡肉洗净、切块，放入沸水中氽烫后，捞
起沥干，装入专用铝箔袋中，备用。

❷ 葱段、姜片均洗净，与当归、山药、枸杞一
起装入铝箔袋中；接着装入所有调料，最后
将袋口密封包紧（可用订书机或棉绳）。

❸ 摇晃袋内食材至均匀，再放入蒸锅中，以大
火蒸约30分钟即可。

美味秘诀 正宗的土窑鸡是放入传统的窑中焖
煮，但如果要改成家庭式做法，也可以
放入蒸锅或电锅中煮熟。

盐酥鸡

材料
鸡胸肉150克，蒜泥1/2小匙，鸡蛋液少许，
罗勒5克

调料
胡椒盐1小匙，淀粉适量，酱油、料酒各1大匙，
白糖1/4小匙，五香粉、甘草粉、白胡椒粉各少许

做法

❶ 将鸡胸肉去皮洗净，用刀切成1.5厘米块状
后，加入蒜泥、鸡蛋液、淀粉及胡椒盐、淀
粉外的调料一起腌制30分钟，备用。

❷ 将腌好的鸡肉裹上淀粉后，放入180℃的油
锅中，以中火炸约5分钟，放入罗勒过油2秒
钟后起锅，撒上胡椒盐即可。

脆皮鸡腿

🥢 材料

鸡腿	2只
葱	20克
姜	3克
色拉油	约500毫升
水	200毫升

🧂 调料

椒盐	适量
麦芽	2大匙
白醋	4大匙
椒盐粉	1大匙
料酒	20毫升

📋 做法

① 鸡腿洗净沥干；将麦芽、白醋与水一同以小火煮至融解、混和均匀，即是麦芽醋水，备用。

② 葱与姜以刀背拍破，与椒盐粉及料酒抓匀，均匀裹在鸡腿上，并放入冰箱冷藏腌制约2小时。

③ 将腌好的鸡腿从冰箱取出，放入沸水中汆烫1分钟后，趁热将鸡腿放入麦芽醋水中，再用钩子吊起鸡腿晾约6小时至表面风干。

④ 热锅，倒入约500毫升色拉油，待油温热至约120℃，取下鸡腿，放入锅中，以中火炸约12分钟至表皮呈酥脆金黄色后，起锅沥油，再将鸡腿切小块装盘，蘸椒盐食用即可。

照烧鸡腿

🍖 材料
去骨鸡腿肉 400克
秋葵　　　 20克
洋葱　　　 30克

🧂 调料
盐　　　　 少许
山椒粉　　 适量
照烧酱　　 适量
料酒　　　 适量
色拉油　　 适量

📋 做法
❶ 去骨鸡腿肉洗净，撒上盐，腌制10分钟，再用浓度5%的料酒洗净擦干，肉厚处及筋部用刀划开；秋葵放入沸水中汆烫至熟后，泡入冷水中冷却沥干，备用。

❷ 热一烤架，放上洋葱烤至稍软上色，取出备用。

❸ 平底锅烧热，加入适量色拉油，放入去骨鸡腿肉(有皮的那面朝下)，烤至七至八成熟，涂上适量照烧酱，重新烤至酱汁收干，重复此动作2～3次，至酱汁完全入味。

❹ 将烤好的去骨鸡腿肉取出，切成适当块状盛盘，放上秋葵及洋葱，再将山椒粉均匀地撒在鸡肉上即可。

鸡爪冻

材料
鸡爪600克，香油2大匙

调料
冰镇卤汁2000毫升（做法见144页）

做法
1. 鸡爪洗净，切去指甲部分。
2. 取一深锅，倒入约半锅水烧开后，将鸡爪放入，汆烫约1分钟去除血水即捞起，再放入冷水中浸泡，沥干水。
3. 空锅倒入冰镇卤汁，用大火烧开后，放入鸡爪，以小火继续炖煮5分钟后熄火，加盖浸泡约10分钟至入味。
4. 将做好的鸡爪捞出，放在平底深盘中，均匀刷上薄薄一层香油，待凉后，放入保鲜盒中盖好，再放入冰箱冷藏至冰凉即可。

麻油鸡汤

材料
仿土鸡肉块1200克，老姜片120克，水2000毫升

调料
胡麻油3大匙，料酒20毫升，鸡精1小匙

做法
1. 仿土鸡肉块洗净，沥干备用。
2. 热锅，加入胡麻油，再放入老姜片，以小火爆香至姜片边角有微焦。
3. 续放入仿土鸡肉块，以大火翻炒至变色，再加入料酒炒香后加水，以小火煮约30分钟。
4. 最后再加入鸡精，略煮匀即可。

美味秘诀 想要汤好喝，重点是在爆炒鸡肉块时利用胡麻油提味，因此，炒鸡肉时可多加一点胡麻油，能让菜更香。

脆皮炸鸡排

🥩 材料
带骨鸡胸肉 1块
低筋面粉 适量

🧂 调料
胡椒盐 适量

🥣 粉浆炸粉
低筋面粉 1/2杯
玉米粉 1/2杯
淀粉 1杯
盐 1/2茶匙
白糖 1茶匙
香蒜粉 1茶匙
水 1杯

🧂 腌料
大蒜 80克
水 100毫升
香芹粉 1/2茶匙
五香粉 1/2茶匙
洋葱粉 1茶匙
盐 1/2茶匙
白糖 1茶匙
味精 1茶匙
小苏打 1/4茶匙
料酒 1大匙

🍽 做法
1. 先将带骨鸡胸肉去皮，对半剖开，从侧面向中间处横剖到底，但不要切断，片开的鸡胸肉即为鸡排。将鸡排放入腌汁中，腌制约20分钟（腌汁即大蒜和水一起放入果汁机中搅打成泥，再加入其余腌料拌匀而成）。
2. 将腌好的鸡排取出，两面均匀沾上低筋面粉。
3. 再裹上粉浆（粉浆即所有粉浆炸粉材料拌匀而成）。
4. 热油锅，至油温约180℃，放入鸡排。
5. 炸约2分钟，至表面呈金黄酥脆状起锅，撒上适量胡椒盐即可。

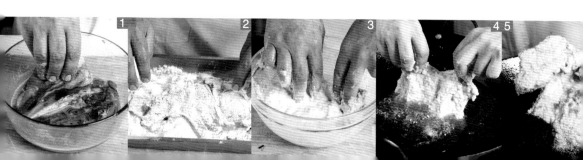

香菇鸡汤

材料
鸡肉块400克，香菇80克，姜片20克，
葱段10克，水1000毫升

调料
料酒1小匙，盐1/2小匙

做法

① 将鸡肉块放入沸水中氽烫约2分钟，再取出
冲水洗净，备用；香菇泡发、洗净。

② 取一汤锅，加入1000毫升的水烧开，再放
入鸡肉块、姜片、香菇烧开，转小火，盖
上锅盖，继续炖煮约15分钟。

③ 向锅中放入葱段、所有调料，煮约1分钟后熄
火即可。

当归鸡汤

材料
土鸡1/2只，当归5克，红枣2颗，
黄芪、陈皮、枸杞各少许

调料
料酒适量，盐少许

做法

① 将土鸡洗净，切块，入沸水氽烫，备用。

② 取一锅，把所有材料放入锅中，再将料酒倒
入锅中，至盖过食材为止，以大火煮开后，
加入盐，转小火炖煮30分钟至熟烂即可。

瓜仔鸡汤

材料
土鸡肉300克，罐头小黄瓜70克，
罐头小黄瓜汁40毫升，大蒜15克，水1200毫升

调料
盐1/2茶匙，鸡精1/4茶匙

做法
1. 土鸡肉切小块，放入沸水中汆烫去脏血，再捞出用冷水冲凉、洗净，放入汤锅中。
2. 向汤锅中加入罐头小黄瓜与罐头小黄瓜汁、大蒜、水，以中火烧开后捞去浮沫，再转小火，不盖锅盖，炖煮约30分钟，关火，加入所有调料调味即可。

贵妃鸡

材料
熟土鸡1只，姜末、虾米、洋葱各20克，香菇4朵，蒜末、葱段、干贝各10克，水3000毫升

调料
盐2大匙，鸡精、料酒各1大匙，白糖1茶匙，八角6粒，草果3颗，甘草3克，山柰片6克

做法
1. 虾米先以清水冲洗干净，备用；洋葱切片，备用。
2. 热油锅，放入姜末、蒜末炒至呈金黄色，放入虾米爆香后，再放入水、除土鸡外的剩余材料及八角、草果、甘草、山柰片一起以小火煮约1小时。
3. 向锅中放入其余调料略炒匀，以中火煮至再次沸腾时，熄火放凉，即成卤汁。
4. 将熟土鸡整个放入卤汁内浸泡约6小时至入味，食用前取出切片即可。

腐乳鸡

材料
鸡肉300克，豆腐乳2块，葱花5克，
蒜末1大匙，高汤150毫升

调料
盐1/2小匙，白糖1小匙，料酒1大匙，
水淀粉适量，色拉油1大匙

做法
1. 将鸡肉洗净，切成大块状，与豆腐乳一起
   腌制30分钟，备用。
2. 取一锅，加入色拉油，以小火爆香蒜末、
   葱花后，加入腌制好的鸡肉，以中火炒1分
   钟，再加入淀粉外的所有调料及高汤一起煮
   至汤汁快收干时，用水淀粉勾薄欠即可。

人参枸杞炖鸡

材料
全鸡1只，姜20克，葱、枸杞各10克

调料
人参鸡药包1包，料酒2大匙，鸡精、盐各少许

做法
1. 全鸡处理好、洗净；姜切片；葱切段，备用。
2. 取一个汤锅，加入所有材料，再加入所有
   的调料。
3. 汤锅口包覆耐热保鲜膜，再放入电锅内锅
   中，外锅加入3杯水，炖煮约45分钟即可。

大蒜鸡汤

材料
土鸡1只，大蒜300克，老姜2片

调料
盐2小匙，料酒5大匙，香油少许

做法
1. 将大蒜剥去外层薄膜后，放入170℃的油锅中，以中火炸约1分钟，待呈金黄色时捞出备用。
2. 将炸好的大蒜塞入土鸡腹中，再将土鸡放入大汤碗中，注满水并加入姜片。
3. 用保鲜膜封住汤碗口，放入蒸笼，以中火蒸2小时后取出。
4. 拆开汤碗口的保鲜膜后，加入所有的调料于汤碗中拌匀即可。

何首乌鸡汤

材料
土鸡1只，参须4克，何首乌10克，姜片15克，水500毫升

调料
盐3/4茶匙，料酒10毫升

做法
1. 将土鸡放入沸水中略汆烫，洗净后，与其他材料一起放入汤锅中，并倒入水，盖上保鲜膜。
2. 蒸笼中加入适量的水，将覆有保鲜膜的汤锅放入蒸笼中，以中火蒸约1小时，起锅后加入所有调料调味即可。

菠萝苦瓜鸡汤

材料
土鸡腿、苦瓜各250克，菠萝50克，姜片5克，酱笋20克，丁香鱼15克，水1600毫升

调料
盐、料酒各少许

做法
1. 土鸡腿洗净切块，放入沸水中汆烫去血水，再捞起以冷水冲洗，备用。
2. 苦瓜切开、去籽后切块状；菠萝去皮、切成块状，备用。
3. 取一汤锅，放入水，以大火烧开后，加入鸡腿块，转小火炖煮约20分钟。
4. 将其余材料放入汤锅中，以小火继续炖煮约30分钟，起锅前加入所有调料调味即可。

莲子枸杞鸡爪汤

材料
鸡爪300克，莲子50克，枸杞5克，姜片8克，水400毫升

调料
盐1/2茶匙，料酒30毫升

做法
1. 将鸡爪指甲及胫骨切掉，放入沸水中汆烫约30秒钟后洗净，放入电锅内锅中；莲子、枸杞提前泡好，备用。
2. 枸杞及莲子洗净后，与姜片、水及料酒加入电锅内锅中。
3. 电锅外锅加入2杯水，放入内锅，盖上锅盖，按下开关。
4. 待开关跳起，再焖约5分钟，开盖，加盐调味即可。

香菜炖土鸡

🥬 材料

土鸡肉600克，香菜10克，芹菜80克，
大蒜15瓣，水600毫升

🫙 调料

黄酒50毫升，盐1茶匙

🍲 做法

1. 土鸡肉洗净后切小块；香菜及芹菜洗净切成
   小段，备用。
2. 煮一锅水，待沸腾后将鸡肉块下锅，汆烫约1
   分钟后取出，以冷水洗净沥干。
3. 将烫过的鸡肉块放入电锅内锅中，加入水、
   黄酒、芹菜段、香菜段及大蒜，外锅加2杯
   水，盖上锅盖，按下开关。
4. 待开关跳起，加入盐调味即可。

松茸木耳鸡

🥬 材料

鸡肉600克，松茸200克，黑木耳80克，
水600毫升

🫙 调料

料酒50毫升，盐1茶匙

🍲 做法

1. 鸡肉洗净后切小块；松茸及黑木耳提前泡
   发、洗净、切小段，备用。
2. 煮一锅水，水沸腾后，将鸡肉下锅汆烫约1
   分钟后取出，用冷水洗净沥干。
3. 将烫过的鸡肉块放入电锅内锅中，加入松
   茸段、黑木耳段、水、料酒，外锅加2杯
   水，盖上锅盖，按下开关。
4. 待开关跳起，加入盐调味即可。

PART 5
口感扎实
鸭肉佳肴篇

卤味鸭肉和冬天进补的姜母鸭，有嚼劲的扎实口感，让人越吃越想吃。

鸭肉烹饪的美味秘诀

不同的烹饪方式，选用不同种类的鸭

　　鸭子的种类大体上可分白毛的菜鸭及黑毛或是花毛的土番鸭。以制作姜母鸭为例，最好使用土番鸭较为正统。土番鸭又称红面番鸭，为鸭类中生命力较强、肉呈鲜红、营养价值高的食品。但如果是要制作一般的烤鸭或咸水鸭，选择菜鸭即可。

鸭翅的卤味口感较佳

　　鸡翅和鸭翅都具有肉少、胶质高的特点，但吃起来的口感却大不相同。鸡翅的脂肪含量较高，所以口感细嫩；而鸭翅除了外形较大外，更因其含有较多且较粗的肌肉纤维，劲道程度与咬劲都比鸡翅高。

适合制作卤味的鸭肉部位

　　卤味可取鸭的多种部位做成，如鸭心、鸭翅、鸭脚、鸭舌、鸭肠等。因为鸭的体型小，脚与翅膀部位的骨头、肉质和胶质比例均适合卤制，也很方便食用，且皮薄、没有厚厚的脂肪层，吃起来既爽口又清凉，被一层冻汁封住后，入口即化，连骨髓都能散发出浓郁的香味。

制作前的处理

清洗

　　虽买回的鸭肉已经店家处理，但是，鸭肉上多少还是会沾染血污或灰尘，所以，回家仍需彻底清洗干净并多冲几次水。

汆烫

　　汆烫除了能将材料稍微烫熟之外，最大的作用在于，将存在于其内部洗不掉的脏污和异味进一步去除。烫过之后，千万别忘记再冲洗干净。

泡凉

　　为了让口感劲道，汆烫洗净鸭肉之后要立刻将其浸泡在冷水中，快速冷却可以维持肉质的弹性，充分冷却后也能吸收较多的卤汁。

姜母鸭对味蘸酱

姜母鸭有特别搭配的酱料，而且搭配的酱汁不同，入口的口感和味道也有所不同。

豆瓣酱

材料

黄豆酱	1大匙
粗味噌	1大匙
辣豆瓣酱	1大匙
糖	2大匙
米酒	1大匙
麻油	1大匙

做法

将所有材料混合拌匀即可。

腐乳辣酱

材料

辣豆腐乳	2大匙
细味噌	1大匙
米酒	2大匙
辣豆瓣酱	1大匙
糖	2大匙
香油	1小匙

做法

将所有材料混合拌匀即可。

辣噌酱

材料

粗味噌	1大匙
辣椒酱	1大匙
酱油	1大匙
陈醋	1大匙
米酒	1大匙
蒜末	1大匙
糖	2大匙
麻油	2大匙

做法

将所有材料混合拌匀即可。

当归鸭

🥩 材料
土番鸭1只，姜片5片，水4000毫升

🥄 调料
鸡精、盐各1小匙，米酒1瓶，八角3粒

🌿 药材
当归、川芎各10克，熟地1片，枸杞、桂枝各5克

📋 做法
1. 土番鸭切小块，放入沸水中氽烫2~3分钟，去杂质、血水，再用冷水清洗干净，备用。
2. 取一深锅，倒入4000毫升的水，加入所有药材、米酒、八角和姜片，盖紧锅盖，开小火煮30分钟，待药材的药汁充分煮出后，熄火备用。
3. 将鸭肉块放入锅中，开小火煮约1小时后熄火，最后再放入鸡精、盐调味即可。

咸菜鸭

🥩 材料
土番鸭1只，咸菜250克，冬菜干40克，姜片5片，水1800毫升

🥄 调料
盐1大匙，鸡精2大匙，米酒25毫升

📋 做法
1. 土番鸭切小块，放入沸水氽烫2~3分钟，去杂质、血水，再用冷水清洗干净，备用。
2. 咸菜用冷水洗净沥干，切成5厘米小段，备用。
3. 取一深锅，倒入1800毫升的水，加入鸭肉块及咸菜和冬菜干、米酒、姜片，盖紧锅盖，开中火煮约45分钟，最后再加入其余调料调味即可。

美味秘诀 咸菜鸭最好使用客家咸菜烹煮，味道会较甘醇而不会那么咸。

姜母鸭

🦆 材料

土番鸭	1只
圆白菜	150克
金针菇	150克
米血糕	120克
豆皮	5张
老姜	300克
水	3000毫升

🧂 调料

蘑菇精	1大匙
盐	1小匙
冰糖	1小匙
米酒	1瓶
麻油	50毫升

🌿 药材

当归	10克
川芎	5克
熟地	1片
参须	1/2把
黄芪	5克
桂皮	10克

📋 做法

❶ 土番鸭切小块，放入沸水氽烫2~3分钟，去杂质、血水，再用冷水清洗干净；圆白菜洗净切小块；金针菇洗净沥干；米血糕切均等小块；老姜切片，备用。

❷ 取锅烧热，倒入500毫升的麻油，再加入姜片炒至金黄后，加入鸭肉炒至鸭皮略呈卷缩状。

❸ 倒入1瓶米酒（在倒入米酒时，建议先熄火，这样比较安全）。

❹ 再倒入3000毫升水，搅拌均匀。

❺ 再将所有药材及其余调料放入，开中火煮约45分钟，加入圆白菜、金针菇、米血糕及豆皮，保持微微沸腾状态5分钟，即可熄火。

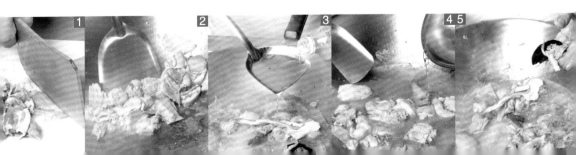

烧酒鸭

材料
鸭肉900克，水3000毫升，香菜少许，棉布袋1包

调料
米酒1000毫升

药材
当归、黄芪、枸杞、白芍、杜仲、玉竹各5克

做法
1. 将所有药材放入棉布袋中，并用棉绳将袋口捆紧，制成中药包，备用。
2. 鸭肉切小块，放入沸水汆烫2～3分钟，去杂质、血水，再用冷水清洗干净，备用。
3. 取一深锅，倒入3000毫升的水，加入中药包、鸭肉块及米酒，盖上锅盖，开中火煮约45分钟后，熄火取出，最后放上香菜即可。

药膳鸭

材料
土番鸭1只，姜片5片，水2000毫升，红枣5颗，八角5克

药材
何首乌、当归、参须各5克，熟地、枸杞各1克，川芎2克，杜仲、山药各1.5克

做法
1. 土番鸭切小块，放入沸水汆烫2～3分钟，去杂质、血水，再用冷水清洗干净，备用。
2. 取一深锅，倒入2000毫升的水，加入鸭肉块、红枣及所有药材和姜片，盖上锅盖，开中火约煮1小时，即可熄火。

陈皮红枣鸭

📋 材料
鸭肉约800克，陈皮10克，红枣12颗，
党参8克，姜丝30克，水900毫升

🫙 调料
黄酒50毫升，盐1茶匙

🍲 做法
① 鸭肉洗净后切小块，备用。

② 煮一锅水，待水沸腾后，将鸭肉块下锅氽烫约2分钟后取出，以冷水洗净沥干，备用。

③ 将烫过的鸭肉块放入电锅内锅，再加入水、陈皮、黄酒、红枣、党参及姜丝，外锅加2杯水，盖上锅盖，按下开关。

④ 待开关跳起，加入盐调味即可。

西芹拌烤鸭

📋 材料
西芹120克，烤鸭肉100克，蒜末1小匙，
红辣椒片10克

🫙 调料
酱油、香油各1大匙，白醋、白糖各1/2小匙

🍲 做法
① 西芹洗净，摘去老筋和粗皮，切斜片，放入沸水中氽烫约30秒钟，捞出冲凉，沥干备用。

② 烤鸭肉切薄片，备用。

③ 将西芹片、烤鸭肉片放入大碗中，加入蒜末、红辣椒片及所有调料一起充分拌匀即可。

美味秘诀 以熟食的烤鸭作为材料，不但可以快速完成此道菜，还可以利用烤鸭本身的香味，方便烹饪调味，即使是新手也能做出好味道。

茶树菇鸭肉煲

材料
鸭肉约800克，茶树菇50克，大蒜60克，
水900毫升

调料
黄酒50毫升，盐1茶匙

做法
1. 鸭肉洗净，切小块；茶树菇泡水约5分钟，
   沥干备用。
2. 煮一锅水，待水沸腾后，将鸭肉块下锅汆烫
   约2分钟后取出，以冷水洗净沥干，备用。
3. 将茶树菇和烫过的鸭肉块放入电锅内锅，加
   入水、黄酒及大蒜，外锅加2杯水，盖上锅
   盖，按下开关。
4. 待开关跳起，加入盐调味即可。

啤酒鸭肉煲

材料
鸭肉650克，西红柿块100克，西芹片80克，
葱段、姜片各30克，干辣椒5克，水100毫升

调料
盐1/2茶匙，啤酒350毫升，桂皮10克，
色拉油2大匙

做法
1. 鸭肉切小块，放入沸水中汆烫约1分钟后，
   洗净沥干，捞起备用。
2. 热砂锅，加入2大匙色拉油，以小火爆香葱
   段、姜片及干辣椒后，放入鸭肉块炒香。
3. 将西红柿块及桂皮、啤酒、水加入砂锅中，加
   盖烧开后改小火，过程中要时常上下翻动。
4. 继续炖煮约20分钟后，加入西芹片、盐调
   味，最后再煮约3分钟即可。

烟熏鸭舌

📋 材料
鸭舌20个，铝箔纸1张（20厘米×20厘米），
冰镇卤汁2000毫升（做法见144页）

🧂 调料
白糖50克，红茶末5克，香油1大匙

📝 做法
① 鸭舌洗净，放入沸水中汆烫约1分钟去血水，捞出冲凉后沥干。

② 取锅，倒入冰镇卤汁，以大火烧开后，再放入鸭舌，以小火保持沸腾状态约3分钟，熄火，加盖浸泡约20分钟后，取出沥干。

③ 取锅，铺上铝箔纸，撒上白糖及红茶末拌匀。放上铁网架，于其上放鸭舌，盖上锅盖，以中火加热至锅边冒烟时，转小火续焖约5分钟后熄火，再焖约2分钟，开盖取出鸭舌。

④ 将熏好的鸭舌均匀刷上香油，放凉后，装入保鲜盒中盖好，放入冰箱冷藏至冰凉即可。

盐水鸭

📋 材料
鸭1/2只，姜丝30克

🧂 调料
盐、海鲜酱各3大匙，花椒粉1/4茶匙

📝 做法
① 盐和花椒粉拌匀，制成花椒盐，备用。

② 鸭肉洗净后沥干，将花椒盐均匀抹遍鸭身，再将鸭肉用塑料袋包好，放入冰箱冷藏腌制一天。

③ 取出鸭肉，洗去鸭身上的花椒盐，将其放入蒸笼中蒸约30分钟，取出放凉。蒸鸭时流出的汤汁先留着备用。

④ 放凉后的鸭肉先切小块盛盘，再将蒸鸭留下的汤汁淋至鸭肉上，放上姜丝，食用时可蘸海鲜酱。

冰糖酱鸭

材料

鸭	1/2只
葱段	30克
姜片	20克
红辣椒	2个
水	1000毫升
棉布包	1个

调料

酱油	200毫升
冰糖	140克
黄酒	50毫升
草果	1颗
八角	8克
甘草	10克
陈皮	10克
花椒	5克
香叶	3克
油	4大匙

做法

1. 取锅，加入约六分满的水烧开后，放入鸭汆烫，捞起洗净，沥干备用。

2. 另取锅，加入4大匙油烧热，将葱段、姜片和红辣椒放入锅中，爆香至略焦黄，再加入水、酱油和冰糖一起炖煮，最后加入黄酒烧开。

3. 将草果、八角、甘草、陈皮、花椒、香叶用棉布包好，制成卤包，放入锅中。

4. 再次烧开后，将鸭放入锅中，烧至沸腾，改小火维持沸腾状态，且不时翻动鸭身使其均匀受热，还要不时将汤汁淋在鸭身上，使其外观均匀上色。

5. 持续炖煮至汤汁略收干至浓稠状时，将汤汁再次均匀淋在鸭身上，略煮一下即可捞起放凉。待鸭凉后，即可切片盛盘。

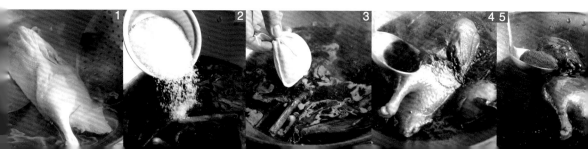

蒜香炒鸭赏

📋 材料
鸭赏100克，青蒜30克，大蒜3瓣，红辣椒1个，水30毫升

🍶 调料
糖1/2小匙，米酒1大匙，色拉油适量，香油1小匙

📖 做法
1. 鸭赏切片；青蒜切段，备用；大蒜切末；红辣椒切片，备用。
2. 热锅，加入适量色拉油，放入蒜末、红辣椒片炒香，再加入鸭赏片、青蒜段及所有调料，快炒均匀至食材软即可。

卤鸭掌

📋 材料
鸭掌10只

🍶 调料
香油1大匙，冰镇卤汁2000毫升（做法见144页）

📖 做法
1. 鸭掌洗净，放入沸水中汆烫约1分钟捞出，再次冲凉沥干，剪去指甲并刮除掌心的黄色粗膜。
2. 冰镇卤汁倒入锅中，以大火烧开，放入鸭掌，以小火维持沸腾状态约30分钟，熄火，加盖浸泡约20分钟，即可捞出，再均匀刷上香油。
3. 放凉后，放入保鲜盒中并盖好，再放入冰箱，冷藏至冰凉即可。

醉鸭

材料
鸭1只，当归8克，葱、姜各20克，鸡高汤200毫升

调料
盐1茶匙，陈年黄酒250毫升，
鸡精、白糖各1/2茶匙，五加皮酒50毫升

做法
❶ 将鸭子洗净后放入蒸笼内蒸45分钟至熟，拿出放凉。

❷ 放凉后去掉骨架，将切下来的鸭肉排放在碗盅中，备用。

❸ 当归切小片；葱切段；姜切片，备用。

❹ 将当归片、葱段、姜片与所有调料（除陈年黄酒与五加皮酒外）及鸡高汤一起放入锅中，煮开约1分钟后放凉。

❺ 将陈年黄酒与五加皮酒倒入锅中，一起搅拌均匀，再将汤汁倒入碗盅中，浸泡鸭肉，并将碗盅放入冰箱冷藏一晚后，即可取出切片食用。

香酥鸭

材料
鸭半只，姜片4片，葱段20克

调料
盐1大匙，八角5克，花椒、白糖各1茶匙，
五香粉、鸡精各1/2茶匙，米酒3大匙，椒盐适量

做法
❶ 将鸭洗净，擦干备用。

❷ 将盐放入锅中炒热后关火，加入米酒、椒盐外的其余调料拌匀。

❸ 将调料趁热涂抹在鸭身上，腌制30分钟。腌好后淋上米酒，放入姜片、葱段，一同放入蒸笼中蒸2小时，取出沥干放凉。

❹ 将放凉后的鸭肉放入180℃的油锅中，炸至金黄后捞出沥干，最后去骨切块，蘸椒盐食用即可。

卤鸭翅

🍲 材料
鸭翅　　　500克

🧂 调料
米酒　　　30毫升
焦糖卤汁　适量

🍳 做法
❶ 鸭翅拔毛，洗净备用。

❷ 取一锅，加入约六分满的水烧开
　后，放入洗净的鸭翅。

❸ 煮至水沸腾。

❹ 捞起鸭翅，放入冷水中清洗干净。

❺ 将焦糖卤汁及米酒倒入锅中烧开，
　放入洗净的鸭翅，煮至卤汁再次沸
　腾（卤汁的量要完全盖过鸭翅），
　改微火卤50分钟后，关火捞起。

❻ 待鸭翅冷却后，加入少许放凉的
　卤汁，再放入冰箱冷藏即可。

焦糖卤汁

香料
草果2克，桂皮15克，八角、甘草各5克，
小茴香、白蔻各3克，花椒粒4克

卤汁
酱油250克，冰糖100克，盐20克，水1500毫升

材料
葱、大蒜各30克，姜15克

焦糖液
冰糖、红糖各100克，热水200毫升

做法
1. 取一炒锅，加入少许色拉油。

2. 放入焦糖液中的冰糖和红糖，翻炒均匀（炒糖色时，除
　了加入冰糖外，再加入红糖可以增添卤汁的香气）。

3. 开小火，加热融糖，加热至略冒泡泡（因红糖容易
　焦，所以要略翻炒一下）。

4. 先关火，加入200毫升热水后再开火，炒匀糖液后倒
　出，备用。

5. 葱洗净切段；姜洗净拍扁；大蒜去膜拍扁；另取一炒
　锅，加入少许色拉油，爆香葱段、姜块和大蒜至略焦
　黄，接着加入酱油炒香。

6. 续加入卤汁中的冰糖、盐和1500毫升水。

7. 倒入之前炒好的糖液，烧开；将所有香料稍微冲水沥
　干，放入一卤包袋中，备用。

8. 将卤包放入锅中烧开后，改小火煮约15分钟，让香料
　释放出香味，即为焦糖卤汁。

烟熏鸭翅

材料

鸭翅 500克
铝箔纸 1张（20厘米×20厘米）
冰镇卤汁 3000毫升

调料

白糖 50克
红茶末 5克
香油 1大匙

做法

1. 鸭翅洗净，放入沸水中氽烫约1分钟捞出冲凉，沥干备用。

2. 冰镇卤汁倒入锅中，以大火烧开，放入鸭翅，以小火保持沸腾状态约8分钟；熄火，加盖浸泡约20分钟后，取出沥干。

3. 取锅，铺上铝箔纸，撒上白糖及红茶末拌匀，放上铁网架，并于其上放鸭翅，盖上锅盖，以中火加热至锅边冒烟时，改小火续焖约5分钟后熄火，再焖约2分钟后，开盖取出鸭翅。

4. 将焖熟的鸭翅均匀刷上香油，放凉后放入保鲜盒中盖好，放入冰箱冷藏至冰凉即可。

冰镇卤汁

卤包材料

草果、荳蔻各2颗，沙姜10克，小茴香3克，花椒4克，甘草、八角各5克，丁香2克

调料

葱20克，姜50克，大蒜40克，水3000毫升，酱油80毫升，白糖200克，米酒50毫升

做法

1. 葱洗净，切段后以刀拍扁；姜洗净并去皮，切片后拍扁；大蒜洗净，去皮后拍扁，备用。

2. 将草果及荳蔻拍碎后，与其他卤包材料一起放入卤包袋中包好。

3. 热锅，倒入约3大匙色拉油烧热，放入葱段、姜片、大蒜，以小火爆香后，再加入其他卤汁材料与卤包，以大火烧开后，改小火续滚约10分钟，至香味散发出来即可。

PART 6

回味无穷
内脏佳肴篇

动物的内脏，最常见的就是鸡心、鸡胗、鸡肝、猪肝、猪肠、牛肚等，烹饪的关键在于制作前的处理。

内脏提前处理

猪肚

材料
猪肚1个

调料
白醋、盐各适量，八角5克

1 将猪肚上多余的脂肪及黏膜剪掉。

2 将整个猪肚由内往外翻面。

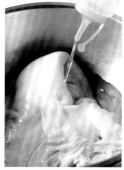

3 将猪肚放于容器中，加入适量的白醋。

4 加入适量的盐。

5 把猪肚上的黏膜和污秽物搓洗掉。

6 烧一锅水，沸腾后，加入八角和处理干净的猪肚烫约5分钟，切记不要烫太熟，否则很难刮除猪肚上的黏膜。

7 刮除掉猪肚上的黏膜。

8 再将猪肚放入沸水中煮约40分钟至全熟，即可捞出沥干。

牛肚

材料
牛肚1个

调料
葱段20克，姜50克，桂皮8克，
八角、花椒、丁香、月桂叶各5克

1 煮一锅水，待水沸腾后，将牛肚汆烫除去油水，捞起。

2 另煮一锅热水，放入牛肚和葱段、姜、花椒、八角、桂皮、丁香、月桂叶，同煮约1小时至全熟，捞出牛肚沥干即可。

大肠

材料
大肠500克

调料
盐、白醋各适量

1 把大肠放置于容器中，加入适量的盐。

2 加入适量的白醋。

3 搓洗掉大肠表面上的黏膜及污秽物。

4 煮一锅水，将大肠放入锅中，汆烫1小时煮熟后，捞出沥干即可。

鸡心

材料
鸡心150克

1 先将鸡心上的油和筋切除。

2 煮一锅水，待水沸腾后，将鸡心放入其中
汆烫约5分钟，捞出沥干即可。

鸡胗

材料
鸡胗150克

做法
煮一锅水，待水烧开后，将鸡胗放入其中汆烫
约5分钟，捞出沥干即可。

卤牛肚

材料

牛肚	1个
葱	20克
姜	20克
水	适量
冰镇卤汁	4000毫升

（做法见144页）

调料

米酒	100毫升
香油	1大匙
花椒	5克
八角	5克

做法

① 牛肚以流动的清水冲洗干净；葱洗净、切段；姜洗净、去皮、切片，备用。

② 取锅，加入水、葱段、姜片、花椒、八角和米酒，以大火烧开后，放入牛肚，以小火煮约1小时，捞出牛肚，再次冲洗干净。

③ 冰镇卤汁倒入另一锅中，以大火烧开后，放入洗净的牛肚，以小火继续烧约30分钟，熄火，加盖浸泡约30分钟。

④ 捞出牛肚，均匀刷上薄薄一层香油，放凉后，放入保鲜盒中盖好，放入冰箱冷藏，食用前切片即可。

卤猪心

材料
猪心1个，卤汁适量

做法
1. 将猪心挖出血块后，冲洗干净，再放入沸水中汆烫，去除血水。
2. 取一锅，加入卤汁，再放入猪心，以中火烧开后，转小火卤约15分钟，熄火。
3. 待放凉后，连同汤汁装入保鲜盒中，放入冰箱冷藏约1天，食用前再取出切片即可。

麻油猪心

材料
猪心300克，老姜片50克，豌豆苗150克，
水300毫升

调料
胡麻油、米酒各50毫升，鸡精1小匙，
白糖1/2小匙

做法
1. 猪心切片，以清水洗去血水，备用。
2. 豌豆苗洗净后，放入沸水中汆烫至熟，捞出，并铺于盘中，备用。
3. 起一炒锅，倒入胡麻油与老姜片，以小火慢慢爆香至老姜片卷曲，再加入米酒、水和猪心片，以中火烧开。
4. 向锅中加入鸡精、白糖炒匀调味，最后盛至有豌豆苗的盘中即可。

卤鸡杂

📋 **材料**

鸡心	300克
鸡胗	300克
鸡肝	300克
焦糖卤汁	适量
（做法见143页）	

🧂 **调料**

米酒	30毫升

📖 **做法**

① 将鸡心、鸡胗、鸡肝中的血块、脂肪去除，洗净备用。

② 取一锅，加入约六分满的水烧开后，放入鸡心、鸡胗、鸡肝。

③ 待水再次沸腾时，捞起鸡心、鸡胗、鸡肝，并将它们放入冷水中清洗干净。

④ 将焦糖卤汁及米酒倒入锅中烧开，放入鸡胗煮至卤汁再次沸腾（卤汁的分量要能完全盖过食材），改微火卤10分钟，接着放入鸡心煮约10分钟，再放入鸡肝煮10分钟后关火；待卤汁完全冷却后，再将鸡胗、鸡心、鸡肝捞起。

⑤ 将放凉的鸡胗、鸡心、鸡肝，加入少许放凉的卤汁，再放入冰箱冷藏即可。

脆皮肥肠

🍖 材料
肥肠	1根
葱	10克
水	1200毫升

🧂 调料
胡椒粉	1小匙
鸡精	1/4小匙
盐	1/2小匙
淀粉	适量

🥘 卤料
葱段	20克
姜片	15克
八角	1粒
酱油	2大匙
冰糖	1小匙

🧂 洗肠材料
盐	1大匙
面粉	1/3杯

📋 做法

1. 将肥肠用洗肠材料处理干净。
2. 将处理干净的肥肠放入沸水中汆烫约3分钟，捞出备用。
3. 取一锅，放入水1200毫升、所有卤料、肥肠，一同烧开后，盖上锅盖，用小火煮约1小时后熄火，待凉后取出备用。
4. 将葱塞入肥肠中，并在肥肠表面抹上少许淀粉，再放入热油锅中，炸至表面酥脆即可。
5. 食用时，将肥肠切厚片，再蘸上由胡椒粉、鸡精、盐混合成的胡椒盐即可。

麻油炒腰花

材料

猪腰300克，姜丝20克

调料

盐少许，鸡精1/4小匙，米酒50毫升，
胡麻油2大匙

做法

1. 猪腰洗净，在表面切出十字纹路。
2. 将猪腰切块，放入沸水中迅速汆烫，捞起备用。
3. 锅烧热，加入2大匙胡麻油，放入姜丝爆香，至边缘略焦。
4. 再放入汆烫后的猪腰块略炒，淋入米酒，最后再放入其余调料略翻炒即可。

姜丝炒大肠

材料

猪大肠600克，姜丝20克，红辣椒丝15克

调料

水淀粉适量，盐1/2小匙，鸡精1/4小匙，
白糖1.5大匙，白醋2大匙，米酒1大匙，
色拉油2大匙

做法

1. 猪大肠洗净切段，放入沸水中汆烫，捞出泡冰水至冷却，再沥干备用。
2. 热锅，倒入2大匙色拉油，放入姜丝和红辣椒丝爆香，放入猪大肠段翻炒。
3. 向锅中加入水淀粉外的所有调料炒匀，最后倒入水淀粉勾芡即可。

菠菜炒猪肝

材料

猪肝200克，菠菜250克，姜丝15克，枸杞少许

调料

胡麻油2大匙，盐1/4小匙，鸡精少许，米酒1大匙

做法

1. 猪肝洗净切片；菠菜洗净切段；枸杞泡水，备用。
2. 锅烧热，加入2大匙胡麻油，放入姜丝爆香，再放入猪肝片炒至变色。
3. 淋入米酒后，放入菠菜段炒至微软，放入泡软的枸杞，最后再加入其余调料炒匀即可。

猪肚炒青蒜

材料

熟猪肚350克，青蒜、芹菜各30克，红辣椒1个，大蒜15克

调料

沙茶酱、香油各1小匙，米酒1大匙，盐、白胡椒粉各少许，油少许

做法

1. 熟猪肚切小条，备用。
2. 青蒜和芹菜均洗净，切斜段；红辣椒和大蒜均洗净切片，备用。
3. 起锅，加入少许油烧热，放入青蒜段、芹菜段、红辣椒片、蒜片爆香，再加入猪肚条和所有调料炒匀，至汤汁略收干即可食用。

五更肠旺

🥢 材料

熟肥肠	1根
鸭血	1块
酸菜	30克
青蒜	10克
姜	5克
大蒜	10克
高汤	200毫升

🧂 调料

花椒	1/2小匙
红辣椒酱	2大匙
白糖	1/2小匙
白醋	1小匙
香油	1小匙
水淀粉	1小匙
油	2大匙

📖 做法

1. 鸭血洗净，切菱形块状；熟肥肠切斜片；酸菜切片；一同放入沸水中汆烫，捞出沥干，备用。
2. 青蒜洗净切段；姜及大蒜切片，备用。
3. 热锅，倒入2大匙油烧热，放入姜片、蒜片，以小火爆香，加入红辣椒酱及花椒，以小火炒至油变成红色且有香味，再加入高汤烧开。
4. 加入汆烫好的鸭血、熟肥肠、酸菜及青蒜段，加入白糖、白醋，再次烧开后转小火继续炖煮约1分钟，以水淀粉勾芡并淋入香油即可。

韭黄羊肚丝

材料

净羊肚	300克
老姜片	75克
葱段	20克
韭黄段	120克
红辣椒	1个
大蒜	15克
笋丝	75克
香菜	少许

调料

酱油	2小匙
醋	1小匙
水淀粉	1小匙
香油	1小匙
米酒	2大匙
糖	1/2小匙
色拉油	20毫升

做法

① 将净羊肚、老姜片及葱段放入1000毫升沸水中，煮约1小时至羊肚熟软取出；再将羊肚浸泡冷水中2分钟，取出并切丝，备用。

② 热锅后，加入羊肚丝和1小匙酱油、1/2小匙醋、1大匙米酒炒香，备用。

③ 另取锅烧热，倒入20毫升色拉油，加入其余材料（除香菜外）炒香，再加入剩余调料（除水淀粉和香油外）和羊肚丝，开大火炒匀后，加入水淀粉勾芡，最后再淋入香油、撒上香菜即可。

香辣蜂巢牛肚

📄 材料

卤好的牛肚	1个
卤好的花干	1块
葱花	少许

🍴 调料

花椒	适量
糖	适量
香油	1大匙

📋 做法

① 将卤好的牛肚对切剖开，再以斜刀方式将牛肚切片。

② 将卤好的花干切大块状后，和牛肚片一起放入容器中。

③ 加入葱花及所有调料拌匀后，盛盘即可。

麻油下水

材料

枸杞5克，鸭胗、鸭心、鸭肝、鸭肠各75克，
姜片5片，鸡高汤1200毫升

调料

麻油50毫升，米酒3大匙，鸡精1大匙，盐1小匙

做法

1. 将鸭心对切；鸭肠、鸭肝均切小块；鸭胗
切片；一同放入沸水中汆烫1~2分钟，再
用冷水清洗，待凉备用。

2. 将锅烧热，加入麻油及姜片爆香，再加入
1200毫升的鸡高汤及枸杞、鸭胗、鸭心、
鸭肝、鸭肠，开中火煮约10分钟，再放入
其余调料略煮即可。

炒鸭胗

材料

鸭胗150克，红辣椒1个，大蒜3瓣

调料

韭菜花30克，鸡精1大匙，盐1小匙，
米酒3大匙，色拉油2大匙

做法

1. 鸭胗洗净切片；韭菜花洗净，切4厘米长
段；红辣椒切小片；大蒜切片，备用。

2. 将鸭胗放入沸水中汆烫1~2分钟，待凉备用。

3. 将锅烧热，倒入2大匙色拉油，油温热后，
加入红辣椒片及蒜片爆香，再加入韭菜花
及鸭胗炒约30秒钟，再放入所有调料略炒
即可。

芹菜炒鸭肠

🍲 材料

鸭肠	300克
咸菜丝	40克
红辣椒	1个
葱	10克
芹菜	75克
胡萝卜	75克
大蒜	10克

🧂 调料

盐	1小匙
鸡精	1小匙
糖	1小匙
胡椒粉	1小匙
米酒	少许
色拉油	2大匙

📋 做法

1. 胡萝卜切丝；红辣椒切片；芹菜切段；葱切细末；大蒜切片，备用。

2. 将鸭肠洗净，切5厘米长段，放入沸水中汆烫1~2分钟，取出待凉，备用。

3. 将锅烧热，倒入2大匙色拉油，油温热后，加入红辣椒片、蒜片及葱末爆香，再加入胡萝卜丝、芹菜段及咸菜丝炒约30秒钟。

4. 再放入鸭肠和所有调料略炒10秒钟，即可熄火起锅。